醉美勃艮第

★

谢立 孙宵祎

著

BOURGOGNE

VOSNE-ROMANÉE, GEVREY-CHAMBERTIN
CHAMBOLLE-MUSIGNY
BEAUNE
MEURSAULT, CHASSAGNE-MONTRACHET
PULIGNY-MONTRACHET, SANTENAY

新 星 出 版 社 NEW STAR PRESS

序一：“醉”美不过勃艮第

吕 杨

华人世界唯一侍酒师大师

“醉”美不过勃艮第，这句话再合适不过了。

勃艮第的醉，不仅仅在于她的好酒，更在于她的历史和精神、她的风土和地块、她的深邃和复杂。

勃艮第的美，不仅仅在于她的景色，更在于她的酒商和酒农，她的村庄和酒窖、她的人文和底蕴。

希望大家喜欢这本书，因为我很喜欢。

序二：条条大路通向勃艮第

William Kelley

《葡萄酒倡导家》常驻勃艮第权威酒评家

常言道：条条大路都通向勃艮第；此外，还有一种真实存在的现象：虽然很多葡萄酒鉴赏家从其他产区开始他们的葡萄酒之恋，但是随着时间流转，多数人终究会为勃艮第所吸引。再没有什么地方能够产出如勃艮第一般复杂又美妙的葡萄酒，且该产区的根本宗旨——没有两款酒的味道应该是一样的，而这种差异来源于造就它们的土地——已经成为世界上其他葡萄酒产区日益追求的典范。今时今日，从美国加利福尼亚到法国波尔多，从澳大利亚巴罗萨到意大利皮埃蒙特，*terroir*（风土）这个词挂在每个人唇边，而 *terroir* 始于勃艮第。

在这本书里，孙宵祎和谢立巧妙地传达了勃艮第丰富葡萄酒文化的精髓。她们引领我们踏上一场与勃艮第最有趣的酒农近距离接触的亲密之旅，通过对细节与个性的描绘，让我们得以更好地了解勃艮第。如果条条大路确实都通向勃艮第，阅读此书还会让我们明白，为什么几乎没有葡萄酒爱好者会在抵达目的地后转身离去：勃艮第有性格鲜明的人、浓郁丰盛而不失高雅的美食以及迷人的美景——所有的一切令人难以抗拒这个产区的魅力。这也是为什么，勃艮第不仅仅是我工作的地方，更是我的家。我衷心祝贺两位作者，她们成功地将勃艮第的真实魅力分享给了中国读者。（译：Heloise）

All roads lead to Burgundy, so the saying goes; and it's certainly true that though many connoisseurs begin their love affair with the grapevine in other regions, most tend inexorably to gravitate towards Burgundy as the years pass. No other place produces wines at once so complex or so compelling, and the defining philosophy of the region—that no two wines should taste alike, and that it's where they're produced that makes the difference—has become the model by which other wine regions increasingly make sense of their own wines. Today, from California to Bordeaux, from Barossa to Piedmont, the word *terroir* is on everyone's lips, and *terroir* began in Burgundy.

In this book, Fiona Sun and Isabel Xie ably communicate the essence of Burgundy's rich wine culture. As they guide us on an intimate tour of some of the region's most interesting producers, we better understand the region in all its detail and heterogeneity. And if all roads lead to Burgundy, we also come to understand why, having reached their destination, few wine lovers ever move on: the strong personalities, the rich and hearty yet elegantly rendered cuisine, the irresistible landscape—all conspire to make it hard to leave this captivating region. That is why I have made Burgundy not just my workplace but my home, and I congratulate the authors on their important work in sharing its true charms to a Chinese audience.

目 录

前言：去勃艮第太难了

“我们和某某集团的某总一起去过罗曼尼－康帝酒庄（Domaine de la Romanée-Conti）了，能帮忙安排参观乐华酒庄（Domaine Leroy）吗？”

作为每年跑欧洲葡萄酒产区和酒庄的葡萄酒记者，在一个衣香鬓影的体面晚宴上，被初次相识的酒友问到这种问题，真是太尴尬了。这位优雅的女士提到的集团和集团老总的名字，说出来尽人皆知，但这并不是在勃艮第通行无阻的身份证，您知道每年全世界有多少人想去康帝和乐华朝圣吗？如果名庄大门常打开，门槛都会被踩平，人家除了接待客人就啥事也不用干了。

不知道从什么时候起，勃艮第已经取代波尔多，成为葡萄酒爱好者狂热追逐的产区，但是喝过勃艮第酒的人多，去过勃艮第产区的人少。就算我们有葡萄酒记者的身份护体，在新老世界各个葡萄酒产区通行无阻，去一趟勃艮第也不是那么容易。

首先是因为勃艮第家族制小酒庄多，庄主、庄主伴侣、儿女（如果有）既是老板也是员工，个个身兼多职，事事亲力亲为。勃艮第人笃信“好葡萄酒来自葡萄园”，大部分工夫花在地里，极端的那些，简直像打理“法式花园”一样精耕细作，所以没有多少时间接待访客。虽说“好葡萄酒来自葡萄园”如今变成了陈词滥调，哪里的酒农都会这么说，但是秉承了上千年来僧侣酿酒精神的勃艮第人，真正把这信念发挥到了极致。有记者报道名庄Domaine Coche-Dury的老庄主Jean-François Coche从来不在天黑前接待客人的“怪癖”，其实是因为白天他要下地，直到天黑，地里看不清了，才回到酒庄做别的工作，比如接待客人。

其次是因为勃艮第酒产量很有限，除了几家知名的大酒商，只有几公顷到十几公顷葡萄园的酒庄居多，酒庄为了追求质量还主动限产，再加上分级细、地块多，具体到某一款酒，可能只有几百瓶到几千瓶的产量，这和波尔多可太不一样了。因此虽然勃艮第酒价年年涨，依然阻挡不了全世界酒迷的热情，包括越来越疯狂的亚洲客人。名庄都采用**配额制**销售，每年配额发售的时节，酒庄和一手配额商都压力巨大，甚至陷入癫狂状态——外人很难明白东西好卖为什么还这么大压力。事实上这是因为酒庄要和（通常是合作多年的）配额商一起，把新年份的配额精心分配到世界上不同的市场，好让自家的酒在米其林星级餐厅或私人买家的酒窖里，被开瓶享用，而不是进入次级市场，可悲地成为投机盈利的工具。总之，酒怎么样都不够卖，自然也没有什么动力推广酒庄。

但是勃艮第酒庄还是会拨冗接待大酒商、私人客户和我们这样的专业葡萄酒记者、作家，若要深究其中原因，我觉得主要是因为，勃艮第人有一种“乐于分享”的精神——虽说“乐于分享”在葡萄酒世界是公认的美德，正是葡萄酒把本来素不相识的你我吸引到同一张餐桌上，共度一段美好时光，但这美德似乎是流淌在勃艮第人的血液里的。就算酒压根不愁卖，就算还在桶里的酒也滴滴珍贵，他们还是乐于和自己认可的人分享从葡萄园的风土到种植、酿造的细节。

尽管没有香槟或波尔多那样富丽堂皇的城堡、水晶酒具闪闪发光的盛宴，勃艮第对我们仍然有着谜之吸引力，站在低矮阴暗的酒窖里品酒、品人是我们再乐意不过的事。葡萄酒是最感性不过的农产品，所谓酒如其人，理解神秘的勃艮第酒最好的方式是理解勃艮第人——这些身上奇异地混合了农民和艺术家气质的酒农。虽然来自一个继承了中世纪僧侣酿酒传统的葡萄酒产区，勃艮第人却没有陷入保守和僵化的泥淖。当他们子承父业或自立门户的时候，新生代不惮于将酒庄改为自己的名字，从种植到酿造

都有革新：传统法种植的葡萄园改为**有机和生物动力法**了，产量降低了，萃取轻柔了，**新橡木桶**减少了，酒窖陈酿时间延长了……他们几乎不计工本地追求好酒——当然勃艮第酒水涨船高的价格也能支持他们种种任性的追求。

说到这里您可能也想去勃艮第酒庄了——去的时候要注意什么？Dress code（着装规范）是没有的，酒农都穿得很随意，在清晨寒冷的田间和地下湿冷的酒窖，羽绒马甲是排名第一的实用单品，所以客人 dress down（过于随意）好过 over dressed（过于隆重），女士不要大白天穿小礼服、高跟鞋就好。对于勃艮第酒的了解和热爱，比名贵西装和化妆品，更让一个人魅力十足。

品酒通常是在深入地下的昏暗酒窖里进行的，一人分到一只杯子站着品酒，什么大人物来了都一样。如果酒好、聊得愉快，一两个小时站下来浑然不觉（对于不习惯久站的人士的忠告：鞋子要舒服）。注意品酒后，杯中的剩酒绝不能倒掉，如果是橡木桶中取样，就倒回橡木桶，如果是装瓶的酒样，就倒回插了漏斗用于回收酒样的空瓶中——每一滴酒都是珍贵的，饱含了酒农的辛勤劳作和感情，不能浪费。

在 2020 年初，COVID-19 蔓延到法国之前，我们从巴黎里昂火车站上车，一个半小时后到达第戎（Dijon），换上开往产区

NUITS S' GEORGES

的小火车。“下一站是香波－慕西尼（Chambolle–Musigny）”、“下一站是沃恩－罗曼尼（Vosne–Romanée）”，听到这些勃艮第酒迷耳熟能详的酒村由纯正悠扬的法语报出时，暗戳戳有点兴奋，因为我们知道：到勃艮第了。

* 文中粗体专有名词解释请参看 P237“勃艮第小辞典”。

VOSNE-ROMANÉE

神一般的沃恩-罗曼尼

VOSNE-ROMANÉE & FLAGEY
沃恩－罗曼尼 & 弗拉吉

每次走到沃恩－罗曼尼村口，就想起多年前看过的茨威格那本书——《人类的群星闪耀时》。沃恩－罗曼尼村就是勃艮第的“群星闪耀时”。那些传奇名庄、酒农大神，很多出自这个酒村，就连沃恩－罗曼尼村的村级酒，都比别村的贵一些，好像这个名字有什么点石成金的魔力似的……

但是正如上一章节所述，我们不想贸然提出拜访罗曼尼－康帝、乐华这样的顶级名庄，相信这个村子还有许多上升新星有待发掘——我们决定先去拜访一个年轻人。在勃艮第，悄悄流传着乐华夫人将无数登门求教的酒农拒之门外，却对 Charles Lachaux 这个年轻人青眼有加的佳话。相约吃个午餐啦，在 Charles 生日的时候遣人送上成箱的乐华美酒啦……这个年轻人有可能是全世界喝过最多乐华葡萄酒的人。

乐华夫人不想见的勃艮第人，我们作为外人也能猜到，是那些势利眼、投机分子——当她早年离开罗曼尼 - 康帝创建乐华酒庄时，他们嘲笑她一意孤行的生物动力法实践，认定她疯了；多年后她创建了自己的帝国，他们又想来探听她的酿酒秘密——至今有人坚称乐华酒庄的酒中有一种异乎寻常的强烈香气，难以捉摸。而 Charles Lachaux 和乐华夫人年轻时一样有才华、有野心，意志坚定，是一个很好的陪伴者。“我们在一起的时候毋须谈论葡萄酒，乐华夫人是一个活着的传奇，和她闲聊任何日常话题都能获得启示。”在 Domaine Arnoux-Lachaux 几乎空荡荡的地下酒窖，有着一头细碎卷发、面容清秀，颇有几分拉斐尔笔下少年风采的 Charles 说。

我们在酒窖里一起品鉴了 2017 年份酒。这个年份并不是勃艮第红葡萄酒的大年，很容易做得酒体单薄，适宜早饮而缺乏**陈年潜力**。但 Charles Lachaux 的酒从村级到**特级园**都有着纯净的香气，精致的酒体和绵密的单宁，优雅曼妙，自成一格。

Charles 2011 年开始和父亲 Pascal 一起工作，2015 年正式接手酒庄，迅速被 **Allen Meadows** 等勃艮第权威酒评家注意，称他把酒庄带到了一个新的高度。

Pascal 是作为女婿进入这个沃恩 - 罗曼尼村的酒农之家的。1957 年 Charles Arnoux 去世，他的儿子 Robert Arnoux 接管了酒庄。

1987 年，Robert 的女儿 Florance Arnoux 与 Pascal Lachaux 结婚，2007 年酒庄改名为 Arnoux-Lachaux。

Charles 为了追求酒质，严格限产，把酒庄原先平均 94000 瓶的年产量降到只有一半，这就是刚刚经过丰产年份 2018 年，他的酒窖却越来越空的秘密。

Charles Lachaux 的酒庄拥有 14 公顷葡萄园，由 28 个人精心耕作，包括四个特级园罗曼尼 - 圣维旺（Romanée Saint-Vivant）、埃雪索（Echezeaux）、伏旧园（Clos de Vougeot）和拉提西耶 - 香贝丹（Latricières-Chambertin）。这是什么概念呢？通常，一个人管理 1 公顷葡萄园已经是顶级酒庄的配置了。

Charles 学习乐华夫人的做法，任由葡萄藤生长，很晚才做精心观察后的修剪。"好的葡萄园不是为了好看，取代干净整齐葡萄藤的，是肆意生长的葡萄藤，这是为了尊重葡萄树的生长周期。"Charles 说。

葡萄藤由人工弯成拱形绑缚起来，称为 Tressage（**编藤法**），Charles 认为这样做会导致葡萄产量更低、成熟更早，带来他想要的清新感。可以想象这一步骤多么耗费人工，所以在勃艮第、卢瓦尔，都只有为数不多的酒庄采用。

Charles 说自己不恪守有机和生物动力法规条，他认为有机种植过于依赖铜的使用了。他在**一级园** Aux Reignots 原先一棵杏树所在之处，种植了密度高达 25000 株 / 公顷的葡萄藤。高密度种植没有给机器在田间耕作留下任何空间，只能全部人工操作。

总之，Charles 在葡萄园里的投入是很疯狂、不惜工本的。

在酒窖里，Charles 尝试了几年不同比例的**带梗**发酵。当他认为条件成熟了，自 2017 年起，从大区酒到特级园都 100% 带梗酿造。虽然没有在酒庄做一个垂直年份品鉴，但我们大胆猜测，他的新年份酒会优于老年份酒，更值得购买和收藏。

有了好葡萄，酿造过程很简单，整串葡萄放入大木桶中，自然启动发酵，既不做前期冷浸渍（以提取香气和颜色），也不做发酵后浸渍（以萃取更多单宁和物质），大约 10—11 天后压榨。过程中极少加硫，因为 Charles 认为硫会让酒**封闭**。相比父亲，他明显降低了新橡木桶的使用比例，村级酒只有 10% 新桶，特级园酒最多 30% 新桶（Pascal 对特级园有时采用 100% 新桶）。

离开酒庄的时候，看到接待处有几排酒架子，我们受到鼓励，小心翼翼地问 Charles 能不能买点酒——你说为什么要小心问，有人买酒酒庄还不开心吗？这也是勃艮第和大多数葡萄酒产区的不同之处，在不设葡萄酒铺子也不接待普通游客的酒庄，贸然提出买酒有点麻烦人家。如果指名要买配额紧缺的酒，更像是想占酒庄便宜。“不是你有钱就是你最大”在勃艮第要时时刻刻谨记。

Charles 走进办公室半天，打印出一张带价格的酒单，上面只有寥寥几款酒，而且都是 2013、2014 年份，全无新年份的踪影。这可不寻常，因为现在市场上的勃艮第酒大多是 2016、2017 年份，我有一种不祥的预感，他按住新年份惜售是不是要涨价！

回到巴黎迫不及待拜访了几家很有实力又专业的酒铺子，虽然他们都进了 Arnoux-Lachaux 的新年份，摆出来卖的还是 2013、2014 年份。在我们的要求下，对方从电脑里一查 2017 年份的价格——好家伙，涨幅惊人呢！

从酒铺子回去心情有点复杂，一方面对自己当了多年记者的敏锐触觉有点小得意；另一方面也怕很快要喝不起他的酒了——当然，Charles 的才气和野心是应当被市场认可的。

顶级名庄

Domaine de la Romanée－Conti

千年风土的守护者，顶级名园的传奇

2018年10月，一瓶1945年份罗曼尼－康帝园（La Romanée－Conti）酒在苏富比拍卖行拍到了55.8万美元，打破了由同一家拍卖行拍卖1869年份拉菲（Château Lafite）创下的世界纪录。难怪人们说罗曼尼－康帝一家酒庄就定义了勃艮第产区在葡萄酒世界的地位，超过了波尔多左岸五大一级庄对于波尔多产区的贡献。

12—13世纪，圣维旺修道院购买和获赠了一些葡萄园，包括顶级名园罗曼尼－圣维旺（如今康帝酒庄的酒窖就在圣维旺修道院），1631年归于Croonembourg家族。

1760年，André de Croonembourg决定出售葡萄园，引发了法国国王路易十五的堂兄弟康帝亲王和法国国王的情妇蓬巴杜夫人的竞争，最后酒庄落入康帝亲王手中。

1789 年法国大革命，贵族被驱逐，葡萄园充公。直到 1869 年，已经买下诸多顶级葡萄园的 Jacques-Marie Duvault-Blochet 买下了罗曼尼－康帝园，创建了酒庄。

那个时代战乱频仍，市道低迷，酒庄经营艰难。1942 年，酒庄的私人客户、也是庄主 Edmond Gaudin de Villaine 挚友的 Henri Leroy 买入了康帝酒庄的一半股权，以免其陷入困境。

至今酒庄由两个家族共同拥有和管理。

20 世纪 90 年代，Henri Leroy 的女儿 Lalou Bize-Leroy（即乐华夫人）退出酒庄后，由她的侄子 Charles Roch 接任。可惜一年不到，Charles 便在车祸中去世。1992 年，他的弟弟 Henry-Frédéric Roch 接手，和 Aubert de Villaine 并肩工作了 20 多年。2018 年 11 月，Henry-Frédéric Roch 因病去世，而继任康帝酒庄联合庄主的，正是乐华夫人的独生女儿 Perrine Fenal。

酒庄一共拥有 9 个特级园，在沃恩－罗曼尼村有罗曼尼－康帝园、罗曼尼－圣维旺、踏雪园（La Tâche）、里奇堡园（Richebourg）、大埃雪索园（Grand Echezeaux）和埃雪索园，在阿罗克斯－科尔登（Aloxe-Corton）拥有科尔登园（Corton），在夏瑟尼－蒙哈榭（Chassagne-Montrachet）有蒙哈榭园（Le

Montrachet),在普利尼 – 蒙哈榭(Puligny–Montrachet)则有巴塔 – 蒙哈榭园 (Bâtard–Montrachet)。

罗曼尼 – 康帝园是酒庄的**独占园**，这块 1.8 公顷的古老葡萄园自 1580 年至今没有改变过一分一毫。酒庄形容罗曼尼 – 康帝园酒是"最具意识流风格的伟大酒款"。英国葡萄酒作家 Stephen Brook 也形容它是康帝酒庄"年轻时最难以捉摸和欣赏的酒"。

另一块珍稀的独占园是踏雪园，占地 6.06 公顷，包括了最初的踏雪园和 Les Gaudichots 葡萄园。酒庄对它的形容是："如同红衣主教黎塞留的肖像，展现着他至高无上的权威；他按在剑柄上的手，掩藏在貂皮和天鹅绒之下。" Stephen Brook 形容它是康帝酒庄系列中"年轻时最张扬火热的酒"。

罗曼尼 – 圣维旺园以出产极为精致的葡萄酒而闻名，一共 9.3 公顷，酒庄占有 5.28 公顷。自 1966 年开始向 Domaine Marey–Monge 租用，1988 年获得产权。2000 年以后的出品完全展示了这片风土的精细风格。此外还有里奇堡园 3.51 公顷、埃雪索园 4.67 公顷、大埃雪索园 3.52 公顷，以及仅有 0.67 公顷的蒙哈榭园。除了特级园，康帝酒庄也有少量一级园，但几乎不以酒庄名义公开发售。

酒庄自 1985 年开始实行有机种植，但直到 2008 年才全面转向生物动力法，比乐华酒庄整整晚了20年。“我们没有犯错的权利，我们的酒庄总是展示在聚光灯下。”这可能解释了Aubert de Villaine极度审慎和保守的态度，在康帝酒庄，任何一点改变都要经过经年累月的尝试和论证。

酒庄的葡萄园产量很低，平均产酒2500升，3棵葡萄树才能产1瓶葡萄酒。在生长季早期，通过几次剪枝来控制产量，7、8月时还会做一次摘绿，即把不合格的葡萄串剪掉，让养分更集中于好葡萄。采收时，20多公顷葡萄园要出动90多人的团队，精心采收完美成熟的葡萄。

关于康帝酒庄的酿造手法，一个广为流传的说法是酒庄酿造时完全不**去梗**，其实不尽然：康帝酒庄在一些年份会部分去梗。Aubert de Villaine在接受英国权威葡萄酒杂志*Decanter*（《醇鉴》）采访时说过，在成熟度不够的年份，不去梗会是个错误。然后用气压的方式柔和**压皮**，采用**野生酵母**在橡木桶中发酵，酿成的酒用来自Tronçais森林的100%新橡木桶（科尔登园除外）陈酿16—20个月。酒庄酿造所有特级园酒的手法并无太大差异，却因此令风土的差异显现了出来。

从1974年至今已管理酒庄40多年的Aubert de Villaine喜欢引用1855年出版的一部名著中的话：“在勃艮第，我们仍沿用14

世纪的方法酿酒。”

Domaine Leroy

勃艮第的叛逆者，激情与完美主义的合体

1932 年出生的乐华夫人快 90 岁了，目前仍活跃在酒窖和葡萄园里，娇小的身体里似乎蕴藏着无尽的激情和能量。

1868 年，François Leroy 在欧克塞－迪雷斯村（Auxey–Duresses）创建了乐华酒商公司（Maison Leroy）。1942 年，原本是康帝酒庄客户的 Henri Leroy 收购了康帝酒庄一半的股份，开启了康帝酒庄由两个家族共同拥有的时代。1955 年，Henri 的女儿、23 岁的 Lalou 加入家族酒庄。1974 年，她与 Aubert de Villaine 作为各自家族的代表，共同担当起了康帝酒庄联合庄主的重任。

日本的大型百货公司高岛屋从 1972 年起代理乐华的酒商公司 Maison Leroy 在日本的销售。1988 年，Lalou 将 Maison Leroy 股份的 1/3 售予高岛屋集团，用这笔资金购入沃恩－罗曼尼村的 Charles Noëllat 和热维－香贝丹村（Gevrey–Chambertin）Philippe Rémy 的葡萄园，创建了拥有 22 公顷葡萄园的乐华酒庄（Domaine

Leroy），其中 1/3 是特级名园。

乐华夫人性格强悍，追求完美，与性格谦虚内敛审慎的 Aubert de Villaine 大相径庭，加上背后理念和经营策略的分歧，众所周知的是，1992 年乐华夫人被康帝酒庄董事会免职。

离开康帝酒庄的乐华夫人专注于自家酒庄，从葡萄园里的生物动力法实践开始。1993 年霉菌侵袭勃艮第葡萄园，乐华的邻居都幸灾乐祸，结果她酿出了那一年份最好的酒。

乐华夫人坚信低产出能收获高质量的葡萄，特级园产量最高的一年是 1 公顷收获 2500 升葡萄汁，通常只收获 1000—1500 升，只有产区平均收获量的 1/2—1/3。通过春季剪枝和去除多余芽苞，达到天然低产，因此不用作绿色采收（摘除部分果串，使养分集中于留下的果串）。"我爱葡萄树多于爱这世界上大多数人。"乐华夫人说。在春季剪枝后，她能听到葡萄树哭泣的声音，所以调制了一种具有止痛效果的药草涂抹在葡萄树的"伤口"上。乐华的葡萄园看着比邻居家的狂野得多，因为乐华夫人不同意打梢（去除葡萄藤顶端枝叶）。一般人认为打梢可以让营养集中在果实里，她却认为果实里的营养来自葡萄叶对阳光的吸收，留的叶子越多，葡萄养分越充足。

相比之下，酒窖里发生的一切就简单多了：严苛筛选的葡

VOLNAY
DU M
VOLNAY-SANT
DU MILIE

萄 100% 带梗不破皮，经过低温浸渍后，在开放的大木桶中自然、缓慢地发酵，其间只轻柔地压皮和**淋皮**，只用重力法酿酒。无论什么等级的葡萄，都用 100% 新橡木桶陈酿 16—18 个月。如此酿成的酒活跃而充满能量，由于果香的丰富和酒体的深度，即使酒精度达到 14.7% 也不会有烧灼感。

无论封口白色、俗称“白头”乐华的 Maison Leroy（酒庄外购葡萄酿制的酒商酒），还是封口红色、俗称“红头”乐华的 Domaine Leroy（酒庄自有葡萄酿制的酒庄酒），在乐华夫人追求完美的严苛标准下，价格年年上涨，已经超过了罗曼尼 - 康帝酒庄。

乐华夫人在乐华家族起始的圣罗曼村（Saint-Romain），还拥有一个 100% 属于自己的 Domaine d’Auvenay，创立后陆陆续续高价购入优质的葡萄园，从村级到特级园，其种植和酿造方式都与乐华酒庄一致，而产量更低，价格更贵，更难获得配额。

不久前传出消息，乐华夫人的女儿 Perrine Fenal 继承了康帝酒庄联合庄主的席位，未来也许会成为勃艮第两家最顶尖酒庄的主人。

传统名庄

Domaine Georges Mugneret-Gibourg
优雅细腻，女性力量主导酒庄

2009年，Domaine Mugneret-Gibourg和Domaine Georges Mugneret合并，才有了今日的Domaine Georges Mugneret-Gibourg。

Domaine Mugneret-Gibourg诞生于1933年，是来自沃恩-罗曼尼古老家族的André Mugneret和Jeanne Gibourg 1928年结婚后创建的。他们的儿子Georges Mugneret购入更多高品质葡萄园，以自己的名字创建了Domaine Georges Mugneret。1988年，Georges不幸早逝，他的遗孀Jacqueline勇敢地接管了酒庄的事业。他们的两个女儿——Marie-Christine和Marie-Andrée完成酿酒相关学业后，也先后回到酒庄工作。

2009年两个家族酒庄合并后，Jacqueline宣布退休，现在酒庄完全由两姐妹打理。姐姐Marie-Christine负责酿酒，妹妹

2010
CLOS VOUGEOT
Grand Cru
APPELLATION CLOS VOUGEOT CONTRÔLÉE
GRAND VIN DE BOURGOGNE
MARIE-CHRISTINE ET MARIE-ANDRÉE MUGNERET
DOMAINE GEORGES MUGNERET-GIBOURG 750ml

Marie-Andrée 主管葡萄园和营销。

酒庄在 9 个产区拥有近 9 公顷的葡萄园，特级园包括伏旧园、卢索 - 香贝丹园（Ruchottes-Chambertin），一级园包括夜 - 圣乔治村（Nuits-Saint-Georges）的 Les Chaignots、Les Vignes Rondes，香波 - 慕西尼村的 Les Feusselottes 等。葡萄园采用有机种植，Marie-Andrée 通过提升葡萄藤的高度获取更好的光照和成熟度。

酒窖里的酿酒方式一直没有大的改变，去梗比例依据年份而定，冷浸渍 4—5 天，只采用野生酵母发酵，持续 14—18 天，必要的时候少量添糖以延长发酵期——Marie-Christine 认为长时间发酵可以增添酒的风味和复杂度。发酵结束后，以橡木桶陈酿 18 个月，新桶比例不高，村级酒采用 20%，一级园 35%，特级园 70%。Marie-Christine 会依据葡萄园的级别和风格，选用相应桶商和个性的橡木桶，处处透露出女性的细腻心思。最后不经过滤澄清装瓶。

如今 Marie-Christine 和 Marie-Andrée 又各自有了两个女儿，这家酒庄将在女性手中继续发扬光大。

Domaine du Comte Liger-Belair
复兴古老家族名园，跻身名家之列

虽然 Liger-Belair 家族拥有悠久辉煌的历史，Domaine du Comte Liger-Belair 却是 2000 年才创建的酒庄，依赖家族传承的名园和 Louis-Michel 的酿酒才华，一跃进入名家之列。

1815 年，拿破仑时代的将军 Louis Liger-Belair 买下沃恩-罗曼尼城堡（Château de Vosne-Romanée）和其他葡萄园，之后其葡萄帝国持续扩张，版图囊括了踏雪园、罗曼尼园（La Romanée）、大街园（La Grande Rue）等顶级名园。

1933 年，由于遗产继承问题，Liger-Belair 家族的葡萄园被全部拍卖，踏雪园被罗曼尼-康帝酒庄收入囊中，幸而家族中的 Canon Just Liger-Belair 和 Comte Michel Liger-Belair 抢救了珍贵的罗曼尼园。

在家族漫长的历史中，这些葡萄园一直对外租借给酒商，从 Domaine Forey Père et Fils 转到 Bouchard Père et Fils，直到家族中真正有志于酿酒的 Louis-Michel 出现。2000 年，Louis-Michel 从 1.5 公顷葡萄园开始，逐步收回租约到期的葡萄园酿酒。2002 年收回了 Aux Reignots 和罗曼尼园。

Louis-Michel 主张葡萄成熟后尽快采收，全部去梗后，在 15°C 低温下浸渍一周，野生酵母自然启动发酵过程。发酵完成后在新桶中陈酿 13—15 个月，保留酒泥，不倒桶。Louis-Michel 十分挑剔，只用来自两个桶商三片森林的橡木桶。装瓶前不过滤不澄清。

罗曼尼园自 1827 年就是 Liger-Belair 家族的特级独占园，面积只有 0.85 公顷，其中 20% 的葡萄藤已经超过 100 年，50% 超过 60 年。每年仅出品 3600 瓶。

Domaine Sylvain Cathiard
低调名家，纯净而能量十足的酒

这个只有 5.5 公顷葡萄园的精品酒庄，以罗曼尼 - 圣维旺园的酒赢得世人尊敬，在有些年份甚至被认为超越了康帝酒庄出品的罗曼尼 - 圣维旺园。

Sylvain Cathiard 的祖父 Alfred Cathiard 来自法国萨瓦省（Savoie），初到勃艮第时曾在康帝酒庄工作。20 世纪 30 年代他买下了一些葡萄园，把葡萄卖给中间商，Cathiard 家族由此定居在

沃恩－罗曼尼村。

Sylvain 的父亲 André 在 1969 年接管了酒庄，购入了夜－圣乔治村的 Les Murgers 园和沃恩－罗曼尼村的超一级园 Aux Malconsorts，并开始自行装瓶出售。

1985 年，Sylvain 加入了家族事业。1995 年父亲退休后，他将一些出租的葡萄园收回，充实了产量。酒庄在沃恩－罗曼尼村、夜－圣乔治村、香波－慕西尼村都有田块，采用**合理防御**，除非必要不使用化学品。采收的葡萄经过严格筛选，将所有果实完全除梗，依据不同的酒款使用橡木桶，通常村级酒采用 50%、一级园和特级园采用 100% 新橡木桶陈酿。

2011 年，Sylvain 的儿子 Sébastien 开始酿酒，他减少了新橡木桶的使用，就连罗曼尼－圣维旺园也打破了 100% 新橡木桶陈酿的传统，2014 年份就首次使用了 67% 新桶。在这片顶级葡萄园，酒庄拥有 0.17 公顷田块，被罗曼尼－康帝园的地块环绕着，葡萄藤龄超过 75 年。

勃艮第权威酒评家、葡萄酒大师（Master of Wine，简称 MW）Jasper Morris 评价 Sylvain Cathiard 的酒："在年轻时富有惊人的能量和果香的纯净性。"

Domaine Gros Frère et Soeur

独一无二的享乐风格，以不变应万变

酒庄大门上一个连一个的大金杯浮雕，是20年前开始喝勃艮第的资深酒客们熟悉的标志，也是酒庄在中国被昵称为“大金杯”的由来。

Gros家族从1830年开始在沃恩－罗曼尼村酿酒，Domaine Gros-Renaudot拥有里奇堡、伏旧园、大埃雪索和埃雪索等特级名园，是埃雪索最大地块的拥有者。1963年酒庄平分给兄弟姐妹四人，Gustave Gros和Colette Gros的两块合并为Domaine Gros Frère et Soeur。1984年Gustave去世，由他兄弟Jean的儿子Bernard和Colette一起管理，现任少庄主Vincent是Bernard的儿子。

酒庄现有25公顷葡萄园，年产10万—12万瓶酒。除上述伟大的特级园外，还拥有一级名园Les Chaumes、Aux Brûlées和Clos de la Fontaine, 以及Aux Réas和Les Barreaux的地块。采用合理防御的种植方式，为了控制产量，剪枝极短，以达到最高级别的成熟度和集中度。

采收的葡萄全部去梗，运用光学筛选机加人工分选获得完美的葡萄。在水泥池中发酵，后期允许发酵温度升高到40°C，保持24小时，以获得更深的色泽和柔软的单宁。红葡萄酒从大区到特级园都用100%新桶陈酿，装瓶前轻微澄清而不过滤。

丰富的果香和香料气息、丝滑无痕却极富架构感的单宁以及甜美多汁的酒体打造了Gros Frère et Soeur独一无二的享乐风格，年轻时即可享用，陈年后有更多复杂风味。在勃艮第很多名家越来越趋于提早采收、减少用桶的今时今日，“大金杯”依然维持其经典风格。Vincent说，决定采收时间点的关键是单宁达到完美成熟。

实力名家

Domaine Emmanuel Rouget

在“酒神传人”的光环与阴影下，寻觅自我

从 Henri Jayer 的侄子到酒神传人，从拖拉机师到明星酿酒师，Emmanuel Rouget 花费了 10 多年的时间“去 Jayer 化”，找到自己的声音。

1976 年，Emmanuel 作为拖拉机师被姑父 Henri Jayer 的酒庄雇用。他聪明而勤奋，1985 年用租借 Jayer 兄弟的葡萄园在弗拉吉村（Flagey）创建了自己的酒庄。Henri 的两个兄弟 Lucien 和 Georges 都把葡萄园租借给 Emmanuel。Henri 有两个女儿但无意酿酒，也把葡萄园逐步转给 Emmanuel。到 1996 年 Henri Jayer 退休时，Emmanuel 酿酒的葡萄园全部来自 Jayer 家族和一位赏识他才华的米其林星级主厨 Jean Crottet。

到 Henri Jayer 2006 年去世为止，Emmanuel 已经在巨匠身边

工作了不止 20 年，可谓将 Jayer 的种植和酿造理念理解得最为透彻的后继者了。

遵循 Jayer 的理念，Emmanuel 以合理防御的原则管理葡萄园，人工翻土，以帮助葡萄根系深入地下，用春季除芽和夏季绿色采收将产量控制得极低，在接近成熟而非完全成熟时采收葡萄，以保持黑皮诺的鲜活果味和酸度，获得更好的陈年潜力。

采收的葡萄全部去梗但不破皮，进入水泥槽，在 10 °C—12°C 低温下浸渍 3—5 天，只用野生酵母发酵，持续约 3 周。与 Jayer 采用 100% 新橡木桶的做法不同，Emmanuel 减少了新桶的使用比例，令橡木与果味更融合，年轻时饮用就很愉悦，无须等待长时间陈年，更符合当代葡萄酒爱好者的需求。

2011 年，Emmanuel 的两个儿子 Nicolas 和 Guillaume 也加入了酒庄，Emmanuel 将更多时间花在葡萄园里。

Cros Parantoux 这块 Henri Jayer 开辟的一级名园，2/3 属于 Domaine Emmanuel Rouget，1/3 属于 Domaine Méo-Camuzet。Cros Parantoux 酒是酒庄的标志性酒款，被认为是充分继承了 Jayer 精神的膜拜酒。

Domaine Anne Gros

强大的女酿酒师，优雅中流露力量感

作为勃艮第屈指可数的明星女酿酒师，Anne Gros 以她独有的兼具优雅和力量的风格征服了勃艮第爱好者的心。

Gros 家族始于 19 世纪初，是勃艮第最古老的酿酒家族之一。1971 年家族分家，François Gros 以 3 公顷葡萄园创建了自己的酒庄。由于身体情况欠佳，1978 年以后他将收成的全部葡萄卖给酒商，酒窖有 10 年处于闲置状态。

1988 年，年仅 22 岁的 Anne Gros 从父亲手里接过了酒庄。Anne 放弃了自己原先的专业，在博讷市（Beaune）和第戎市修习种植和酿酒学位，还曾经到澳大利亚实习过一段时间。1990 年，她酿造了自己的第一个年份，以精准、细腻和优雅的风格崭露头角，展现了毋庸置疑的酿酒天赋。

1995 年，酒庄从 Anne & François Gros 更名为 Domaine Anne Gros，并打造了新的酒窖。2001 年，Anne 开始出品酒商酒。从酒标上看，酒庄酒是上白下蓝，酒商酒是上蓝下白。

酒庄现有约 6.5 公顷葡萄园，包括特级园里奇堡、埃雪索、伏旧园、香波－慕西尼和沃恩－罗曼尼村级田等，多为**老藤**葡萄，平均藤龄 55 年。村级田多在北向山坡上，和一级园、特级园平齐。Anne 与乐华夫人同为勃艮第的生物动力法先锋，但她对于有机和生物动力法并不是全盘接受，比如，硫和铜，她认为对葡萄藤和酒质有不良影响。“酒庄里唯一不变的就是变化。”她说。

酿酒方式传统，红葡萄采收后完全去梗，但是并不经过冷浸渍，而是立刻进入水泥槽发酵，持续 12—15 天，特级园酒款采用 80% 新桶陈酿，一级园 50%，村级 30%。Anne 认为适度运用新桶可以增加酒的复杂度和结构感。

0.6 公顷的里奇堡特级园是酒庄头牌，被 Allen Meadows 称为里奇堡园最稳定的出品之一。

Domaine Jean Grivot
埃雪索名家，来自古老酿酒家族

Domaine Jean Grivot 至今传承了六代，在一代接一代的努力下，这家酒庄跻身勃艮第一流之列，被认为是酿造埃雪索的名家。

Grivot 家族来自汝拉地区（Jura），是从 17 世纪中叶就开始种植葡萄的古老家族。18 世纪末法国大革命前夕，Grivot 家族移居勃艮第。1919 年，Gaston Grivot 卖掉了家族在上夜丘（Hautes-Côtes de Nuits）品质较低的葡萄园，买下了伏旧园上好的田块；加上夫人陪嫁带来的田块，于是有了 Domaine Jean Grivot。20 世纪 20 年代，Gaston Grivot 成为第一批从第戎大学（Université de Dijon，1984 年改称勃艮第大学）酿酒学专业毕业的酒农之一。

数年后，他的儿子 Jean 也从同一大学同一专业毕业。Jean 的夫人来自赫赫有名的 Jayer 家族，带来了一些上好的葡萄园。1984 年，Jean 买下了大约 0.31 公顷的里奇堡特级园，出品的酒饱满而强劲，尤其适合经久陈年，可与其他顶级名家媲美。

从 1987 年开始，Jean 的儿子 Etienne Grivot 正式继承了酒庄。Etienne 在博讷学习葡萄种植酿酒，又在美国加利福尼亚和法国其他地区实习。他给酒庄的葡萄园种植以及酿造带来了调整和改进。他用马来耕作特级园、部分一级园和村级园。在困难的 1994 年份他展示了实力，找到了自己的声音。2000 年以后，他的风格为酒评家 Allen Meadows 认可，酒的质量也越来越好。

如今酒庄拥有 15.5 公顷葡萄园，采用有机种植但未经认证。其中，3 个特级园是伏旧园、埃雪索和里奇堡，9 个一级园则包括名园 Les Beaux Monts 和 Les Suchots。

采收的葡萄 100% 去梗，也做一些带梗实验，经过一两天短暂的冷浸渍，自然开始发酵，不压皮。“我不喜欢把物理动作（压皮）和精神性的（发酵）混在一起。”Etienne 说。发酵结束后每天喷淋一次，然后进入橡木桶陈酿，村级酒 25% 新桶，一级园 30%—40% 新桶，特级园 40%—45% 新桶。

目前，酒庄新一代 Mathilde 和 Hubert 在父亲 Etienne 指导下，也逐渐加入了酒庄。

Domaine Bizot
极致酿酒哲学，小众膜拜酒

酒窖里的 Jean-Yves Bizot 穿着格子衬衫，戴着细框眼镜，斯斯文文的，像个 IT 工程师或学者。事实上他本来的专业是地质学，1992 年在勃艮第大学（Université de Bourgogne）完成酿酒专业后，1993 年接手家族酒庄。他以独特和极致的酿酒风格征服了爱好者，加上产量稀少，他的酒一瓶难求，迅速跻身膜拜酒之列。

Jean-Yves 的祖父买下沃恩 - 罗曼尼村 2.5 公顷的葡萄园，作为他当医生的副业。Jean-Yves 的父亲也是医生，无暇打理葡萄园而租给外人。Jean-Yves 接手后，则全心投入其中。地质学的背景让他深刻地理解土壤，拥有一双选地的慧眼。2007 年他买下几块老藤葡萄园，包括他认为风土价值被低估了的大区级 Le Chapitre 和马桑内村（Marsannay）的 Clos du Roy 园，将酒庄葡萄园面积增加到 3.5 公顷。

从 2001 年开始，葡萄园完全转为有机种植。Jean-Yves 家距离 Henri Jayer 的旧居不远，两家的葡萄园也相邻，不时一起讨论酿酒。Jean-Yves 既吸取了 Jayer 的经验，也有所修正，创造了一种独有的风格。采收葡萄时严格筛选，每串葡萄都要经过检验。所有葡萄不去梗，在大木桶里以脚踩破碎，浸皮约一周后，野生酵母自动启动发酵；做一点压皮但绝不喷淋，酒窖里绝没有泵，因为他认为喷淋会压实单宁；所有的酒，从大区酒到特级园，都只用桶商 Rousseau 的全新橡木桶陈酿，他认为旧桶清洗时用到的硫，会被橡木吸收和释放，最终影响到酒。

酿酒过程中完全不加硫，冬天开门将酒窖温度降到 6°C—8°C，进行自然的冷稳定，同时防止细菌繁殖。装瓶前加极少量硫，只有 10—15 毫克 / 升。其间不倒桶，手工装瓶，而且每桶独立装瓶，不混合，也意味着每桶之间会有差异。

Jean-Yves 酿造的红葡萄酒柔和、精细而富有深度，在亚洲市场尤其受到追捧。

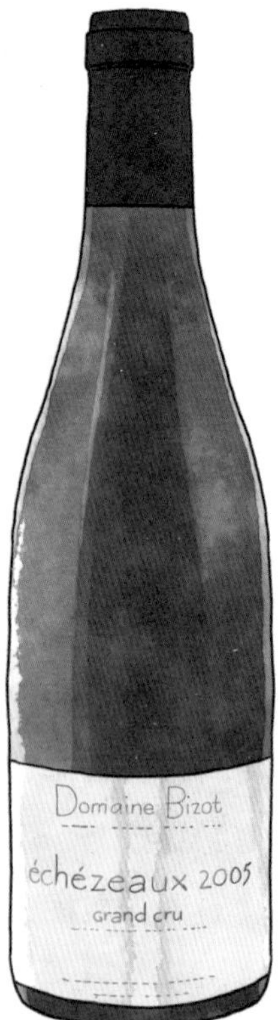
Domaine Bizot
échézeaux 2005
grand cru

Jean-Yves 在埃雪索拥有两块葡萄田，En Orveaux 面积大，成熟较晚，Les Treux 则是酒庄葡萄园中最早成熟的。Jean-Yves 只有在产量低的年份才将两者混酿，通常以 En Orveaux 的葡萄出产一款埃雪索特级园酒，用 Les Treux 的葡萄酿造沃恩 - 罗曼尼一级园酒。

这个好年份年产 10000 瓶，差年份只有 5000 瓶酒的小酒庄，是沃恩 - 罗曼尼村车库酒级别的明星酒庄。

Domaine Méo-Camuzet

酒神传承者，优雅与平衡的大师

很多勃艮第酒农与酒神 Henri Jayer 有各种渊源，有的是亲戚，有的得他指点酿酒。Jean-Nicolas Méo 正是在长达 10 年的时间中由他亲自指导酿酒，并且完全继承了他的酿酒理念。

1945 年，Henri Jayer 与 Etienne Camuzet 签订了常年租用葡萄园的协议，酿造的酒一半以他自己的名字出售，一半交给 Etienne Camuzet。后者作为一个政治家，一生中大部分时间都在巴黎度过，虽然购买了当时最好的一些葡萄园，但都以长期出租的方式交给别人种植和酿造，获得的葡萄酒出售给当地著名的酒商装瓶。

Etienne 的女儿 Maria Noirot 继承了酒庄但没有子嗣，去世时将酒庄赠予了侄子 Jean Méo。作为戴高乐内阁的成员，Jean Méo 大部分时间也在巴黎，继续依靠四个租户维持葡萄园和酿酒。后来他将工作重心转向酒庄，逐渐收回了租用协议，从 1983 年开始在酒庄装瓶和销售，这是 Domaine Méo-Camuzet 的第一个年份。

Jean Méo 的儿子 Jean-Nicolas 毕业于巴黎高等商学院，在勃艮第大学和美国宾夕法尼亚大学完成酿酒学业后，1989 年回到酒庄工作。在葡萄园管理上他依靠先前的租户、经验丰富的葡萄农 Christian Faurois，在酿酒方面则由 Henri Jayer 亲自指导。

酒庄的葡萄园接近 20 公顷，大部分采用有机和生物动力法种植，只对出现严重问题的地块使用化学品，一年确保翻土 5 次，有些地块用马耕作。

随着**全球暖化**，越来越多的勃艮第酿酒师采用带梗葡萄酿酒，但 Jean-Nicolas 和 Henri Jayer 一样，认为带梗会为葡萄酒带来生涩感，“我和他都喜爱果香浓郁，口感丰富、圆润的美味葡萄酒。” Jean-Nicolas 说。

采收的所有葡萄去梗，以 15°C 低温浸渍 3—5 天，在水泥池中自然启动发酵，初期淋皮，末期**踩皮**，萃取轻柔，发酵持续 2—

3 周。相比大木桶发酵，Jean-Nicolas 认为水泥池更容易清洁，发酵温度也更稳定。只使用一个桶商——François Frères 的橡木桶陈酿，特级园用 100% 新桶，一级园用 60%—70%，大部分村级用 50%。近年用桶更加精细，轻微减少新桶比例。酿成的酒不过滤不澄清，极少加硫。

Méo-Camuzet 的酒既有架构又精细，既浓缩又迷人，虽然年轻时就美味，但也有着惊人的陈年能力——一切如走钢丝般优雅平衡。

因为市场需求旺盛，Jean-Nicolas 也和两个姐妹成立了 Méo-Camuzet Frère & Soeurs，如此不仅有更多酒可以卖，也可引入更多一般人买得起的酒。

Jean-Nicolas 2007 年才收回 3 公顷的伏旧园。田块位于山坡上部，环绕着伏旧城堡，表土很薄，有三分之一都是近百年的老藤，是伏旧园最优雅和细腻的诠释者。

在里奇堡特级园，酒庄拥有两块田，其中一部分田块紧挨 Cros Parantoux的下缘。葡萄藤多种植于20世纪50年代，果粒很小，产量低，风味浓郁，能够与新橡木桶完美相融，需要多年才能柔化单宁，展现复杂风味。

上升新星

Domaine Cécile Tremblay

名家光环笼罩下的实力派新星

这个2003年创立的年轻酒庄，入选法国权威酒评年鉴《贝丹 & 德梭指南》(*Le Guide des Vins Bettane & Desseauve*)"2011新发现酒庄"，和众多名庄一起获得四星（最高五星）。酒评家Michel Bettane还言出惊人，暗示Cécile Tremblay可能成为第二个乐华夫人。

Cécile的祖父Edouard Jayer是Henri Jayer的叔叔，一名箍桶匠。和妻子Esther Fournier结婚后，才获得了一些Noëllat家族的葡萄园。Edouard去世后，葡萄园分给几个子女，Renée Jayer无意酿酒，将分得的田地租借了出去。直到2003年Cécile决定自立门户，收回了外租的3公顷葡萄园，加上后来购入的1公顷，将4公顷葡萄园分为11个地块，包括了特级园夏贝尔－香贝丹（Chapelle-

Chambertin）、大埃雪索的**略地**——Echezeaux du Dessus，优质的一级园 Les Rouges du Dessus、Les Beaux Monts 等。

葡萄园之前由于长期过度使用化肥和农药，土地板结失去活力。从 2003 年开始，Cécile 在葡萄园里采用有机和生物动力法耕作，用马匹犁田，喷洒硫酸铜和草药制剂预防霉病和虫害。"葡萄树就是我的英国玫瑰，葡萄园就是我的花园。"她说。葡萄园逐渐焕发了生机，也获得了有机认证。

为了控制产量，她采用严格剪枝、去除多余芽苞等方式，平均 1 公顷葡萄园只收获 2500—3500 升葡萄汁。

采收的葡萄视年份和葡萄状况决定全部去梗、部分去梗或保留全梗，发酵前经过低温浸渍，尽量少干预，采用压皮而尽量不淋皮，发酵后用古老的**垂直压榨机**轻柔压榨，发酵完成的酒使用 20%—75% 不等的新橡木桶陈酿 15—18 个月。制桶师 Chassin 为酒庄的不同酒款量身打造了不同烘烤程度的橡木桶，使橡木的使用更为精准。这样酿成的酒纯净优雅，而又精准地反映了各个地块的风土特色。

Cécile 的伴侣 Philippe Charlopin 也是位个性鲜明、在 22 岁就接任家族酒庄的酿酒师。在酿酒初期曾受到 Henri Jayer 的指导，强调风土的表达。

Domaine Georges Noëllat

风格精妙而平衡，值得关注的 Noëllat

2010 年，年仅 20 岁的 Maxime Cheurlin 从祖母手中接过酒庄，短短几年间迅速引起了勃艮第酒评家和爱好者关注，Allen Meadows 认为他的酒风格“堪称精妙，有人可能期待更多酒体和重量，但它们有着美好的平衡感，清晰传递了自家风土”。

20 世纪早期，Ernest Noëllat 和 Charles Noëllat 兄弟俩曾合伙经营夜丘（Côte de Nuits）最引人瞩目的酒庄之一 Domaine Noëllat。Charles Noëllat 拥有一些当时最负盛名的葡萄园，也是那个年代的酿酒大神。1988 年，Charles Noëllat 名下的葡萄园被他的后人出售给乐华夫人，成为乐华酒庄葡萄园的重要组成部分。如今市场上能见到的新年份的 Charles Noëllat 酒，是他后人以纪念名义做的酒商酒，品质不差，却与当年不可同日而语。

幸运的是，Charles Noëllat 的侄子 Georges Noëllat 的酒庄名下的葡萄园保留在 Noëllat 家族手中，至今已经传承五代。酒庄目前拥有 5.5 公顷葡萄园，其中包含许多老藤葡萄园，有些田块的历史超过 100 年。Ernest Noëllat 的女儿 Marie-Thérèse Noëllat 嫁入香槟地区的 Cheurlin 家族，1990 年接手 Domaine Georges

Noëllat 后，一直把葡萄卖给大酒商 Maison Louis Jadot 和 Maison Joseph Drouhin，直到 2010 年她的孙子 Maxime Cheurlin 接手了酒庄。虽然他在香槟长大，骨子里却流着勃艮第的血液，和 Jayer 家族还有 Emmanuel Rouget 都有亲缘关系，他在博讷学习酿酒时，曾经在 Domaine Emmanuel Rouget 和 Domaine Gros Frère et Soeur 实习。

Maxime 酿酒，通常 100% 去梗，偶尔某些年份采用 30% 以下的整串酿造。冷浸渍后使用野生酵母发酵，Maxime 把这个过程称为浸入（infusion）而不是萃取（extraction），压皮极少极轻柔，新橡木桶比例在 30%—100%。

Domaine Jean-Pierre Guyon
低调新星，精心打磨的手工酒

在群星闪耀的沃恩-罗曼尼村，谦逊寡言的 Jean-Pierre Guyon 被诸多酒评家看好，称之为明日之星。

1938 年，Jean-Pierre 的祖父从 2 公顷葡萄园开始，创建了酒庄，1953 年传到他父亲手里。1991 年，Jean-Pierre 和兄弟 Michel 一起

JEAN-PIERRE GUYON

继承了父亲的酒庄 Domaine Guyon。2016 年，兄弟分产，他把酒庄更名为“Domaine Jean-Pierre Guyon”。

酒庄现有 9 公顷葡萄园，主要在夜丘的沃恩 - 罗曼尼、夜 - 圣乔治和热维 - 香贝丹几个村庄，其中包括特级园埃雪索；在博讷丘（Côte de Beaune）有萨维尼 - 博讷村（Savigny-lès-Beaune）和绍黑 - 博讷村（Chorey-lès-Beaune）的老藤，出产高性价比酒。葡萄园 2010 年开始转向有机，2012 年获得认证，进而转向生物动力法。

在葡萄园里的精心耕作使得高比例带梗酿造成为可能。2011 年，酒庄开始红葡萄 100% 带梗酿造。Jean-Pierre 说葡萄里有三种单宁，果皮、果梗和葡萄籽，需要避免的是萃取葡萄籽里的单宁，带梗酿造的好处是，整串压榨后果皮依然包裹和保护着葡萄籽。

采收的整串葡萄直接、缓慢开始发酵，20 天中只做一次淋皮或踩皮，20 天后进行人工踩皮，Jean-Pierre 说这也是生物动力法的理念，只有人跳进发酵桶里用脚踩皮，才能直接感知葡萄的温度和状态。整个酒精发酵期长达 4 周。值得一提的是，当酒精发酵完成的时候，通常乳酸发酵也同步完成了。Jean-Pierre 说：“如此酒的状态更稳定。”

发酵完成进入橡木桶后的酒几乎不受干扰。为酒庄定制的橡木桶经过 48 小时小火烘烤，像名厨做菜的 slow cooking（低温慢煮）。新橡木桶比例视酒款和年份不等，通常大区和村级酒 10% 新橡木桶，一级园大约 60%，特级园 100%。不过滤不澄清，仅添加微量硫装瓶。

Jean-Pierre 的酒是真正的手工酒，slow wine（慢酒），从大区级到特级园都精心酿造，具有很好的风土表现力。酒庄还出产质量优异的白皮诺，部分来自 Jean-Pierre 父亲混种霞多丽和白皮诺的园子，部分克隆来自 Domaine Henri Gouges 由黑皮诺变异为白皮诺的“古日皮诺”（Pinot Gouges），为小众爱好者青睐。

一入“勃”坑深似海

一入勃艮第门深似海，勃艮第酒喝得越多，疑惑也越多——很多酒友为此有点苦闷。

常居巴黎的资深葡萄酒爱好者周游，在从事 IT 工作之余疯狂买酒喝酒，我们选了几个常见问题，请他一一解答。

问：特级园酒一定是好酒吗？

答：勃艮第仅有 33 个特级园，其产量只占整个勃艮第总产量的 2%，价格也居高不下。

各个特级园的面积大小不一。面积大、地主众多的伏旧园和埃雪索是最有名的“勃坑”。俗话说，大树底下好乘凉，这两片特级园出产的酒款，水平参差不齐，有些甚至不如优秀的村级酒，却从不愁卖。

建议选择名家出品的伏旧园，如 Méo-Camuzet、Anne

Gros、Château de la Tour、Jean Grivot 等。由于康帝酒庄也是埃雪索的地主之一，难免更受追捧。埃雪索本身分为 11 个略地，Jasper Morris MW、Dr Jules Lavalle 等勃艮第专家都认为，其中一部分地块只有一级园的水准。至于最终出产的质量，还是要看酒庄。

问：名家大酒是否物有所值？

答：这其实是个见仁见智的问题。在预算有限的情况下，我建议谨慎对待那些因受市场热捧、短期内上涨过快的酒款，如近几年非常热门的 Domaine Arnaud Ente、Domaine Jacques-Frédéric Mugnier 2013 年之后的年份；以及传统名家在低潮时期有失水准的出品，如 Domaine Ponsot 在 20 世纪 90 年代酿造的特级园酒款——和今日的 Ponsot 完全不是一个水平。也有一种情况是绝版，如 Jacky Truchot 的夏姆-香贝丹（Charmes-Chambertin）特级园酒，一代传奇酒农 Henri Jayer 的几款绝响。人们对这些酒的追逐已经与其原本的价值无关，完全出于物以稀为贵的心理。

问：勃艮第等级分明，哪里还有价值洼地？

答：勃艮第膜拜酒庄的酒品，不但价格高昂，而且数量稀少。但每年都有在名庄锤炼过出来自立门户的酿酒师，或酿酒家族下一代的继承者与分家崭露头角，这些都是新星酒庄的诞生之处。如近几年开始走红的Benjamin Leroux、Arnoux-Lachaux、Domaine Duroché、Vincent Dancer，都是被酒评家挖掘出来的新星酒庄。从勃艮第的那些非热门产区，例如圣托班村（Saint-Aubin）、马桑内村，南部的马孔内（Mâconnais）、夏隆内丘（Côte Châlonnaise），近几年也涌现出一批有潜力的新人，或重新焕发光彩的老牌酒庄。

问：勃艮第大区酒值得喝吗？

答：勃艮第大区酒作为每个酒庄的入门酒款，葡萄大多来自坡底地势平坦的葡萄园。即便如此，优秀的酒农仍然毫不马虎，精心酿造。大区酒通常能体现一个酒庄的大体风格，而且价格平易近人。对于刚刚接触勃艮第的爱好者，选择大区酒是多多尝试不同酒庄，一窥名家的捷径之一。

还有一些酒庄的大区酒款是村级葡萄田降级混酿的，如

Dominique Lafon 酒商品牌的大区酒是由默尔索（Meursault）村级葡萄酿造的，Domaine Patrick Javillier 的大区干白“Oligocène”来自默尔索的村级田 Les Pellans，在优秀一级园 Les Chaumes 的下坡处，仅隔一条小路。由于这一块田一部分为村级，一部分为大区级，所以混酿之后作为大区酒售卖，物美价廉。此外，Domaine Ghislaine Barthod 的大区干红“Les Bons Batons”，葡萄田位于香波－慕西尼村的边界，颇有村级酒的风采，在大区酒里是出类拔萃的选择。

至于顶尖名家如乐华、Bizot、Arnaud Ente，大区酒水准极高，往往超过别家的村级，但价格也不菲就是了。

问：勃艮第老酒是不是越老越好？

答：勃艮第大部分葡萄酒的陈年能力并不如波尔多，黑皮诺的精致与傲娇，更加要求保存条件的良好，对于普通年份的一级园和村级酒，通常 10 年以内就能达到适饮期，如现在可以喝 2011—2014 年的大部分村级酒，2006—2008 年的一级园。陈年时间过长，红葡萄酒会丧失鲜美的果味，只剩下酱油味、枯枝烂叶和泥土的气息，并不令人愉悦，入口

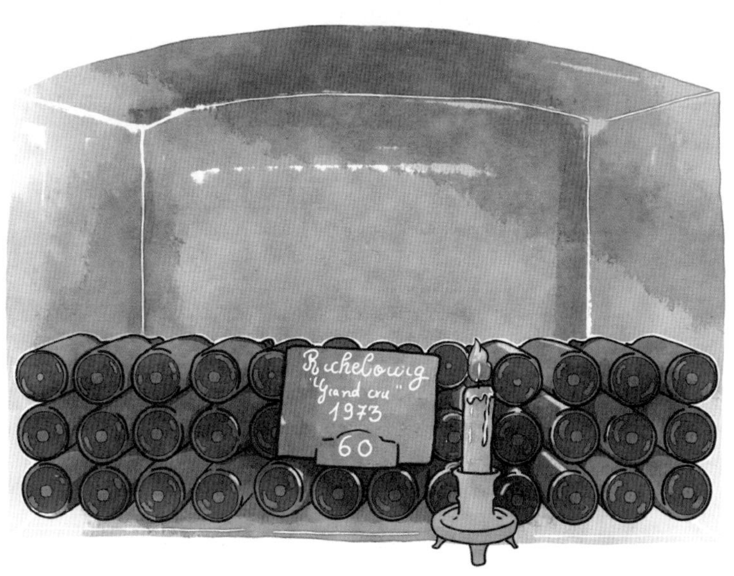
"Grand cru"
1973
60

也会有结构散架或酸度突兀的感觉。

霞多丽白葡萄酒的**提早氧化**现象一直是个谜，是近几年勃艮第酒庄努力克服的问题和工艺改良的方向。从20世纪90年代中叶到2010年之间的白葡萄酒，部分名庄如Domaine des Comtes Lafon、Domaine Leflaive都有提早氧化的问题，在购买时需要小心谨慎。

刚入门的爱好者，不建议花大钱购买老年份的勃艮第，一是因为有些渠道中往往是转手多次或者保存欠佳的酒款，二是因为老年份物以稀为贵，价格常常虚高。欣赏勃艮第老酒需要丰富的知识储备和经验，以及一点运气。

问：名字相近的酒庄是不是出品差不多？

答：勃艮第家族之间的联姻、分家等导致了葡萄园的分割和赠予，由此产生了众多名字相近、一不留心就会混淆的家族酒庄。最常见的比如带有Gros这个姓氏的四家兄弟姐妹庄，Colin、Morey这两个姓氏的酒庄遍布夏瑟尼－蒙哈榭和普利尼－蒙哈榭两村，以及Noëllat、Mugneret变换搭配不同的名字。

虽然名字相似，血缘相亲，但是各家的酿造水平就要看当家人的才能和风格偏好。有些名字近似的酒庄，同一个葡萄园的出品，价格往往相差不少，所以购买的时候请仔细看清楚酒庄名称。

另一种情况是，同一家酒庄，也有自有葡萄园与外购葡萄的区别，通常以“Domaine”和“Maison”标示区别，如“Domaine des Comtes Lafon”和“Dominique Lafon”、“Domaine Méo-Camuzet”与“Méo-Camuzet Frère & Soeurs”、“Domaine Leroy”与“Maison Leroy”等。一般来说，名庄自有葡萄园的，对于质量的把控更佳，毕竟从葡萄种植到最终装瓶全部是亲力亲为。而酒商部分的出品，葡萄的种植依赖合作的酒农，也有直接采购成酒贴标的，品质相对参差，但名庄也不会砸自家牌子就是。

CHAMBOLLE-MUSIGNY & GEVREY-CHAMBERTIN

香波村儿和热维村儿

GEVREY-CHAMBERTIN
热维 - 香贝丹

Gevrey-Chambertin Grand Cru
热维 - 香贝丹特级园

Gevrey-Chambertin Premier Cru
热维 - 香贝丹一级园

Gevrey-Chambertin
热维 - 香贝丹村级

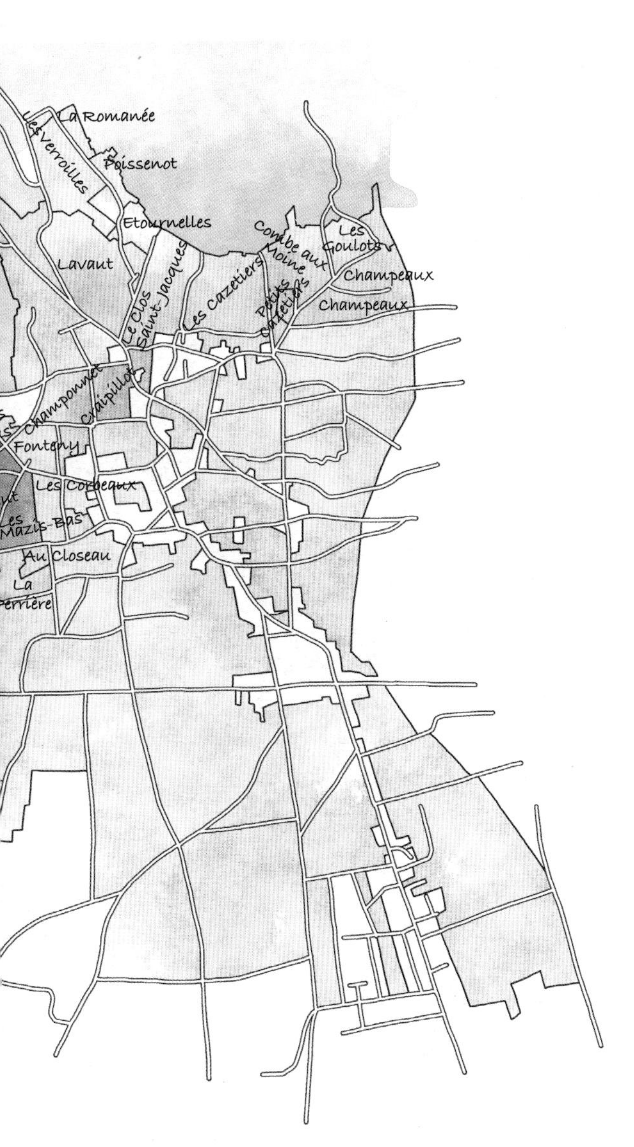

La Romanée
Les Verroilles
Poissenot
Etournelles
Lavaut
Le Clos Saint-Jacques
Les Cazetiers
Combe aux Moine
Petits Cazetiers
Les Goulots
Champeaux
Champeaux
Champonnet
Craipillot
Fonteny
Les Corbeaux
Les Mazis-Bas
Au Closeau

CHAMBOLLE-MUSIGNY
香波－慕西尼

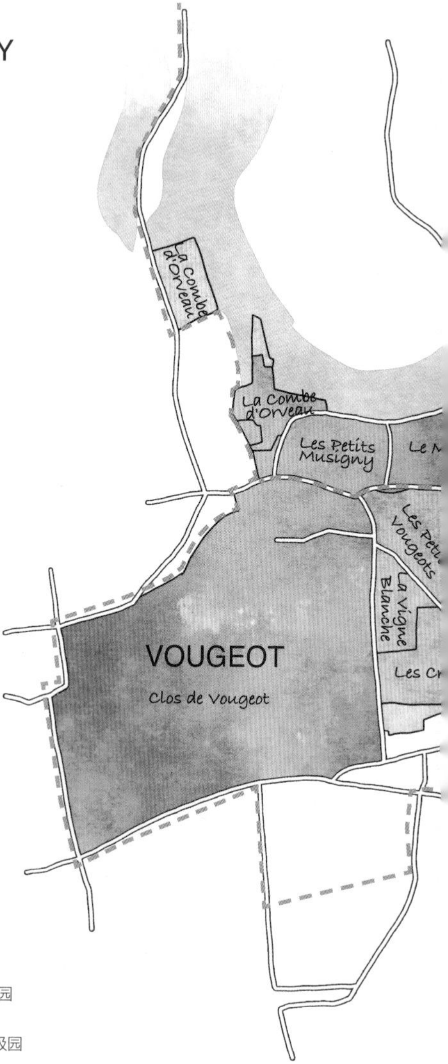

La Combe d'Orveau

La Combe d'Orveau

Les Petits Musigny

Vougeots

La Vigne Blanche

VOUGEOT

Clos de Vougeot

Grand Cru 特级园

Premier Cru 一级园

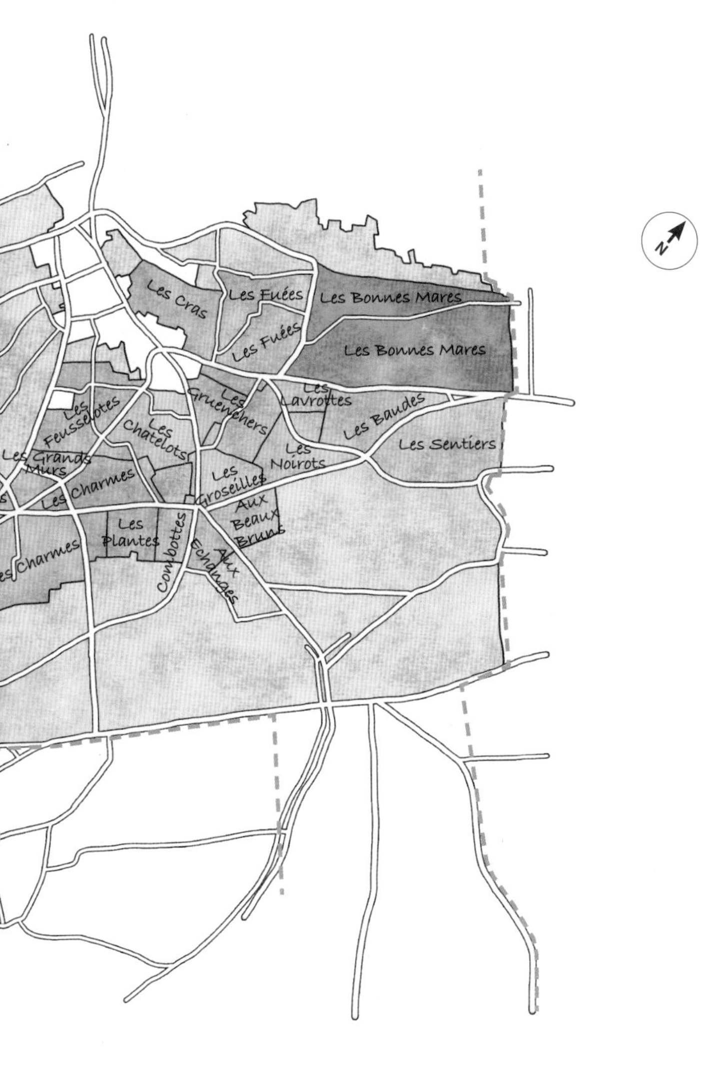

Les Cras
Les Fuées
Les Bonnes Mares
Les Fuées
Les Bonnes Mares
Les Gruenchers
Les Lavrottes
Les Feusselotes
Les Chatelots
Les Baudes
Les Sentiers
Les Grands Murs
Les Noirots
Les Charmes
Les Groseilles
Aux Beaux Bruns
Les Plantes
Combottes
Aux Echanges
Les Charmes

只要你喝过哪怕三天勃艮第酒，就一定听过这样的说法：香波－慕西尼酒风优雅细腻，单宁如丝般柔滑，热维－香贝丹酒风雄壮深沉，富于黑果、土壤和泥土气息。

香波－慕西尼和热维－香贝丹这两个村子，好像就是为了映衬对方的价值而生的——香波－慕西尼小而精致，只有 180 公顷葡萄园，包括 2 个特级园和 24 个一级园，热维－香贝丹大而开阔，葡萄园面积超过 450 公顷，包括 9 个特级园和 26 个一级园。

但是呢，个性十足的勃艮第酒农可不按照教科书的说法酿酒，我们这次就拜访了一个似乎不那么“优雅细腻”的香波村酒农，被 Allen Meadows 盛赞“近几个年份质量如火箭般上升，与前几年天差地别”的新星：Gilbert Felettig。

Gilbert 有一张圆圆胖胖的脸，身材壮实，浓黑的眉毛透露出坚定的意志。作为香波－慕西尼种植农 Henri Felettig 的儿子、家

族酒庄的第二代，2005 年他在父亲退休时接手了酒庄，花了 5 年时间，2010 年开始引起酒评家的关注。

Gilbert 首先把功夫下在葡萄园里，所有葡萄园都采用有机种植，14 公顷葡萄园细分为 130 个地块。虽然在热维 – 香贝丹、沃恩 – 罗曼尼、夜 – 圣乔治村都有葡萄园，包括一块埃雪索特级园，但他最了如指掌和深怀感情的，无疑是香波 – 慕西尼的风土。0.5 公顷村级葡萄园 Clos le Village 是他父亲 1974 年种下的，30 厘米黏土碎石下覆盖着石灰岩，对于 Gilbert 来说，这是典型的香波村风土。

6 个香波 – 慕西尼一级园：Les Carrières、Les Fuées、Les Combottes、Les Feusselottes、Les Charmes 和 Les Lavrottes，其中 Les Combottes 和 Clos le Village 一样，15—20 厘米黏土下就是岩石，产量很低。多岩石而少黏土，正是造就了香波 – 慕西尼酒优雅动人风格的秘密。

在酒窖里，Gilbert 似乎有点随心所欲。你若问一个勃艮第酿酒师，你发酵带不带梗啊，陈酿用多少比例的新橡木桶啊，“我没有 recipe（配方）”是一个标准答案。这个说法一部分是事实，因为每年年份特征不一样，处理葡萄的手法当然有所不同，另一部分呢，也是不想对记者透露过多，谁都有点秘密不是？

Gilbert 是真的没有 recipe，我们一气儿尝了几十桶酒样，有 100% 去梗的，有 20% 带梗的，有 50% 带梗的，每一桶都很不一样，高比例带梗的显得格外清新和严肃，但是 Gilbert 面露迟疑之色，不知道该不该喜欢它们。2016 年和 2019 年都是低产的年份，带一部分梗才能填满发酵罐，他说——是的，有时候酒窖里的决定一点都不浪漫。2018 年他有意做了不同比例的带梗实验，眼下似乎还没有定论。

Gilbert 指着一桶正在陈酿的酒，说是 Robert Parker 创建的权威葡萄酒杂志《葡萄酒倡导家》（*Wine Advocate*）常驻勃艮第的酒评人 William Kelley 酿造的——我们碰巧在北京见过他，一起喝过酒，知道他是一个很年轻犀利的勃艮第酒评人。要知道很多酒评人心里都藏着一个酿酒的梦，只是批评别人容易，自己动手就不一定了。这桶酒香气细致，单宁轻柔，用桶含蓄而平衡，和 Gilbert 的手法很不一样。

Gilbert 说近年自己的酒踩皮次数越来越少，追求细致风味。不过他似乎没有被世人对香波 - 慕西尼酒的刻板印象束缚，依然在追求自我的道路上尽情狂奔呢。

传统名庄

Domaine Comte Georges de Vogüé
香波村的元老，顶级名园的守护者

15世纪Jean Moisson在香波－慕西尼买下几块葡萄园，创建了酒庄。1766年，Moisson家族成员Catherine Bouhier与Cerice-Melchior de Vogüé结婚，酒庄进入了de Vogüé家族的手中。1925年，Georges de Vogüé伯爵成为掌门人，他管理酒庄超过半个世纪，开启了酒庄的现代历史。

在20世纪60年代，伯爵有一段时间常不在酒庄，请一位地产经理帮忙照看，酒的品质一落千丈。直到1986年，酒庄聘请了酿酒师François Millet，1988年总经理Jean-Luc Pepin到任，逐渐令酒庄的名声恢复如初。1996年，酒庄又聘请了Eric Bourgogne管理葡萄园，从此品质一路飞升。

酒庄拥有令人艳羡的7.2公顷慕西尼（Musigny）特级园，占到整个特级园的 70%，最古老的葡萄栽种于 20 世纪 40 年代。酿酒师 Millet 喜欢用“一家人”形容酒庄的几个顶级葡萄园：慕西尼特级园是“一家之长”，超一级园爱侣园（Les Amoureuses）是“妻子”，香波 - 慕西尼一级园还年轻，但会是未来的一家之长,波内玛尔（Bonnes-Mares）特级园则是另一个血脉的“叔叔”，更加直率，力道十足。

酒庄在慕西尼南边的两个地块种植了共 0.6 公顷的霞多丽。不过中间有很长一段时间没有出品过慕西尼特级园白葡萄酒——经过 1986、1997 年两次改种，Millet 觉得这些葡萄藤还太年轻，因此将这些葡萄降级用于大区级白葡萄酒，直到 2015 年才重新用来出品慕西尼特级园白葡萄酒。

酒庄采用有机种植，不施用化肥，只在绝对必要时喷洒药物。

酿酒时根据年份和酒款灵活调整酿造方式，但即使对于特级园，Millet 也不会采用超过 30% 的新橡木桶陈酿，以免橡木气息盖过风土的表达。

Domaine Georges Roumier

从村级到特级，都是最好的风土佳酿

作为香波－慕西尼村最好的酒农，Georges Roumier 出品的酒从村级到特级园酒，都是最好的风土佳酿。村级迷人而充满活力，一级园具有深度和力量，特级园年轻时紧闭强烈，需要陈年才能展现。

1924 年，Georges Roumier 与香波村酒农的女儿结婚，用妻子陪嫁的田产创建了酒庄，同时也在 Domaine Comte Georges de Vogüé 做葡萄园经理。他一直把酿造的葡萄酒出售给当地的中间商装瓶，直到 1945 年开始独立装瓶，迅速以极高的品质为人瞩目。他的儿子 Jean-Marie 掌管酒庄期间，成功扩大了葡萄园，并与一些优质葡萄农签订了长期租借合同（metayage）。

Jean-Marie 的儿子 Christophe Roumier 毕业于勃艮第大学的酿酒专业，1990 年后接手了酒庄。他的签名作无疑是波内玛尔特级园酒。这里风土条件独特，四个不同地块分为两种类型的土壤：一块是红色土壤（terres rouges），酿出的酒富于骨架和力量感，三块是白色土壤（terres blancs），酿出的酒优雅精致。Christophe 将它们分开发酵，最后在装瓶前进行调配，两色土壤造就了最复杂而有风土印记的酒。

但 Christophe 最广为人知的酒还不是波内玛尔，而是他只有 0.4 公顷的一级名园爱侣园，这款酒公认有特级园的品质，层次丰富，单宁精巧，余韵悠长。

酒庄的 12 公顷葡萄园，其中特级园包括卢索 - 香贝丹、波内玛尔、慕西尼和科尔登 - 查理曼（Corton-Charlemagne），一级园包括香波 - 慕西尼村的爱侣园、莫黑 - 圣丹尼村（Morey-Saint-Denis）的 Clos de la Bussière。Christophe 坚持有机种植，强调翻土而不使用杀虫剂和其他化学喷雾。他实行严格剪枝，认为春季剪枝和去除芽苞比夏季绿色采收效果好，那时就太晚了。这些措施直接导致了低产量，特级园每公顷收获 3000 升葡萄汁，一级园 3400 升，村级 4100 升。

葡萄采摘时尽可能成熟，大区级和村级田葡萄通常除梗，一级和特级园葡萄取决于年份，保留 20%—50% 梗不等。启动发酵总是慢的，发酵前浸渍保持在 30°C 以下，Christophe 认为控温很重要，浸渍时超过 33°C 就会失去精妙果香。

为了诚实地反映风土特色，Christophe 很有节制地使用橡木桶，依据年份特色，村级使用 15%—25% 新橡木桶，一级和特级使用 40%—50% 新橡木桶。他说自家葡萄园的特色是“石灰岩土壤和较高的海拔，我试图在酒中表达出来”。

Domaine Jacques-Frédéric Mugnier
把手拿开，让葡萄园和年份说话

Frédéric Mugnier 酿造勃艮第最纯净的葡萄酒，纯粹而朴素。他的酒不喧哗，饮者需要仔细聆听。瓶中陈年是必需的，饮者需要付出努力才能欣赏。

Frédéric Mugnier 曾经是石油工程师和飞行员，一开始对于酿酒一无所知，在博讷学习葡萄种植和酿酒。他的哲学非常简单：让葡萄园的信息表达出来。Matt Kramer 说过，“Mugnier 葡萄酒最杰出的风格就是没有风格（The distinguishing signature of Mugnier's wines was ‘the absence of a signature’）”，Allen Meadows 欣赏他“把手拿开（keep his hands off)”的能力，让葡萄园和年份说话。

Mugnier 家族酿酒历史悠久。19 世纪末根瘤蚜虫来袭，勃艮第葡萄园的价格一落千丈。作为第戎成功的开胃酒和烈酒生产商，第一代 Frédéric Mugnier 抓住机会收购了许多香波－慕西尼和夜－圣乔治村的上好葡萄田块，还买下了 Château de Chambolle-Musigny，1863 年创建了酒庄，名下的葡萄园面积一度达到 24 公顷。但历经遗产分割、对外租赁，1985 年，家族第五代 Frédéric Mugnier 回到酒庄时，只剩下 4 公顷葡萄园。直到 2004 年，Domaine Faiveley 向 Mugnier 家族租用的 9.55 公顷夜－圣乔治村一级独占园 Clos de la Maréchale 到期收回，酒庄面积才扩大到近 14 公顷。

Frédéric 从 1986 年起停止使用化肥，90 年代不再使用除草剂和杀虫剂，但他的理念基于合理防御，而非遵循有机或生物动力法。作为工程师，他认为霉菌病需要应付，否则就没有葡萄酒可言了。有机种植允许使用的铜土壤不能代谢，并不是完美的解决方案，“所有的良药都是毒药。”他说。

酒庄对采收的葡萄全部除梗，缓慢而自然地发酵，并使用尽可能低比例的新橡木桶陈酿，所有酒的新桶比例都不超过 25%。

酒庄拥有 1.14 公顷的慕西尼特级园，葡萄藤种植于 1947—1962 年，只有一小部分在 1997 年重新种植（年轻葡萄藤降级酿造村级酒），拥有 50—100 年的陈年潜力。

酒庄在爱侣园拥有平均藤龄 60 年的葡萄藤，30—50 厘米覆盖着石灰岩的红黏土，具有女性化特质和特级园实力。

Domaine Armand Rousseau

拥特级名园，酿王者之酒

20 世纪初，年仅 18 岁的 Armand Rousseau 从家族继承了位于热维 – 香贝丹村的几块葡萄田，创立了自己的同名酒庄。Rousseau 家族一直有着葡萄种植、酿酒、销售和制桶的历史。

最开始，Rousseau 也像当地其他酒庄一样，将酒大宗出售给当地的批发商。20 世纪 30 年代，Armand 陆续收购了一批历史悠久的葡萄园，开始自行装瓶最高品质的酒，向餐厅和私人客户出售，成为勃艮第最早进行酒庄装瓶的酿酒商之一。

1959 年，Armand Rousseau 在打猎途中遭遇车祸不幸去世，他的儿子 Charles 继承了酒庄的 6 公顷葡萄园。Charles 能熟练使用英语和德语，迅速将目光投向了出口市场，开拓了英国、德国和瑞士市场，很快将酒推向整个欧洲。70 年代，Domaine Armand Rousseau 的葡萄酒已经远销加拿大、澳大利亚、新西兰，最后抵达亚洲。

如今酒庄由 Charles 的儿子 Eric 掌门。Eric 在保持酒庄酿酒传统的同时，也引入了绿色采收、剪叶、机械耕种、避免使用杀虫剂或化肥等做法，并且主张在酿造时尽量减少人工干预，将酒

庄引向了更加绿色有机的方向。

如今 Rousseau 的葡萄园已经扩充到了 15.3 公顷，其中包括 3 公顷村级葡萄园，3.77 公顷一级园和 8.51 公顷特级园，特级园产量控制在每公顷 3000—4000 升。

酿酒时大约保留 15% 的果梗，发酵 18—20 天，其间进行压皮和淋皮，然后进入橡木桶陈酿。每年酒庄使用的新橡木桶比例大致相同——只有超一级园 Clos Saint-Jacques 可能每年有变化。特级园香贝丹（Chambertin）和香贝丹 - 贝日园（Chambertin-Clos de Bèze）为 100% 新橡木桶，其他特级园酒使用一年桶。

有人评论他家的特级园香贝丹、香贝丹 - 贝日园以及超一级园 Clos Saint-Jacques 代表勃艮第巅峰水平，其他酒款则乏善可陈。不过近年来 Armand Rousseau 酒的品质整体都在提升……

香贝丹特级园包括三块朝东的葡萄田，还有一块南北向名叫“Larrey”的葡萄田——它位于森林的边缘，只能用马拉犁耕种，土壤以石灰岩为主。这款酒被酒庄称为“王者的酒”，力量强劲，浓郁而架构绝佳。

酒庄在香贝丹 - 贝日园拥有两块葡萄田，其中比较大的一片位于产区的较高处。香贝丹 - 贝日园酒被认为是酒庄偏女性化的佳酿，优雅而细腻。它的历史比香贝丹更久，人们普遍认为它们是酒庄的双璧：香贝丹 - 贝日园更收敛，香贝丹更奔放。

Domaine Claude Dugat
传统与优雅的诠释者

Dugat 家族在热维 - 香贝丹村的历史可以追溯到 15 世纪，但他们开始在酿酒方面建立名望，却要等到 20 世纪中叶：1955 年，Claude Dugat 的父亲 Maurice Dugat 买下了一座叫作“Grange des Dimes（什一税谷仓）”的石造谷仓（当地居民用葡萄和谷物，向教会缴纳什一税的地方），将其改建成了一个酿酒车间。顺便一提，热维 - 香贝丹村另外一家名庄 Domaine Dugat - Py 的第十二代庄主 Bernard Dugat，正是 Claude Dugat 的堂兄弟。

酒庄只有 6 公顷葡萄园，包括了几块热维 - 香贝丹村最负盛名、最古老的葡萄园，如一级园 Lavaux Saint Jacques、特级园夏贝尔 - 香贝丹、夏姆 - 香贝丹和格里特 - 香贝丹（Griottes-Chambertin）。

2015 年，Claude 将酒庄交给了儿子 Bertrand 和女儿 Laetitia 管理。Laetitia 主管葡萄园，Bertrand 负责酿酒。同时他们还经营一家小规模的酒商公司 La Gibryotte。

从 2013 年开始，酒庄实行有机种植，不使用任何化肥和除草剂，同时也会采用一些生物动力法种植理念，严格控制产量。

酒庄以采收时间早著称。采收的葡萄完全除梗，在水泥池中发酵，不做淋皮，仅进行柔和的压皮，以获得细腻优雅的单宁，之后在橡木桶中进行乳酸发酵。大区酒只用旧橡木桶陈酿，村级采用 60% 的新桶；一级园和特级园则完全使用新橡木桶陈酿至少 12 个月，最后不经过滤或澄清装瓶，尽量少加硫。

Claude Dugat 的葡萄酒往往具有清新爽利的果味，年轻时即可享用。不过，由于酒庄严格限制产量，并且果实多来自老藤，酿成的葡萄酒不乏深度，能够经久陈年。

Domaine Dugat - Py
老藤美酒，在千年酒窖中沉睡

在 La Combe de Lavaux 背斜谷的山脚下，曾经坐落着一座 9 世纪的布道所（Aumônerie）。为了给第戎的圣贝尼涅修道院（Saint Benigné）储酒建造了一座酒窖。现在修道院的遗迹已经所剩无几，但壮观的地下拱形酒窖却保留了下来。年复一年，Domaine Dugat - Py 的葡萄酒就储存在这座令人惊叹的古老酒窖里。

Dugat 家族在热维 - 香贝丹村种葡萄的历史，可以回溯到 17 世纪。1923 年，Fernand Dugat 和 Jeanne Bolnot 结婚，Domaine Dugat 诞生。

20 世纪 70 年代，酒庄的夏姆 - 香贝丹特级园酒 1972 年份获得美国大酒商 Alexis Lichine 赏识，一时之间这些酒色深邃、风味饱满而优雅的酒声名大噪，供不应求，多少有了些“膜拜酒”的意味。有趣的是，酒庄一直到 1989 年才开始自行装瓶。

1994 年，酒庄的第十二代传人 Bernard Dugat 将妻子 Jocelyne 的婚前姓加入了酒庄名字，这就是延续至今的 Dugat - Py。

2013 年，Bernard 的儿子 Loïc 从父亲手中接管酒庄，成为第十三代掌门人。当时酒庄的热维一级园酒是将 Fonteny、La Perrière 和 Les Corbeaux 三个略地的葡萄一起混酿的，Loïc 说服了父亲，从 2013 年开始将它们分开酿造和装瓶。

1999 年，Bernard 开始对香贝丹特级园的 3 公顷葡萄园实行有机种植，到 2003 年，全部葡萄园都完成了有机转换。现在酒庄共有 10 公顷葡萄园，其中包括不少黑皮诺老藤，藤龄大多超过 65 年，最老的栽种于 1910 年。一部分葡萄园用马拉犁耕作。

尽管酒庄的红葡萄酒常常颜色很深，但采收时间其实较早。视年份的需要，酒庄会保留大部分果梗——但夏姆 - 香贝丹是个例外，因为酒庄希望保持其纯净的果香。酿造过程主张**极少干预**，采用木桶发酵，不主动控温。一级园和特级园都使用 100% 新橡木桶陈酿，窖藏时间通常在 18—24 个月。

Chambertin Grand Cru “Très Vieilles Vignes” 是香贝丹特级园里评价最高的酒款之一，藤龄超过 90 年，每年只生产 220—270 瓶，在新橡木桶中陈酿 18—26 个月。

实力名家

Domaine Denis Mortet

完美主义者的黑皮诺

1956 年，Charles Mortet 以仅仅 1 公顷葡萄园创立了属于自己的酒庄。1978 年，22 岁的 Denis 携 20 岁的妻子 Laurence 加入了父亲的酒庄。1993 年，Charles 退休，Denis 从父亲手中接管了酒庄，创立了自己的同名酒庄。很快 Domaine Denis Mortet 就以其浓郁、深邃、强劲、100% 新橡木桶陈酿的葡萄酒闻名于世。

Denis 成为庄主时，酒庄拥有 4.5 公顷葡萄园。在之后的 10 年间，Denis 在勃艮第大学研究者 Jacky Rigaux 的帮助下，将热维 – 香贝丹的葡萄田风土划分成了五种。此外，他还收购了更多风土条件多样的葡萄园，将酒庄的版图拓展到 11.2 公顷。

2006 年，长期抑郁的 Denis 在自己的车里自杀去世，年仅 51 岁。当时只有 25 岁的 Arnaud Mortet 和母亲 Laurence 共同承担起了酒庄的管理重任。

Denis 在葡萄园里奉行合理防御，从 1996 年就停止在葡萄园中使用除草剂和化肥。Arnaud 也继承了父亲的理念，进一步采用有机种植方式，但未取得认证。

采收时节，Arnaud 会走入每一块葡萄田，采下果实，分析并品尝它们。他心目中最完美的黑皮诺葡萄颜色深邃，果皮坚实。正是因为采取最为成熟饱满的果实酿造，Denis Mortet 的酒款以年轻时就能享用著称。

酒庄对采收的葡萄进行严苛的三次筛选。比起“萃取”，Arnaud 更喜欢“浸泡”，发酵过程中经常淋皮，却很少压皮，延续了父亲 Denis 避免过度萃取的理念。所有酒在装瓶前会在不锈钢罐中陈放一个月，带来更加清新的**矿物风味**、饱满的果味和圆润的单宁，却不失酒庄标志性的分量感——这恰恰是他完美主义的父亲一直希望达成的目标。

2018 年，Arnaud 用自己在热维 - 香贝丹新购置的几片葡萄园，建立了自己的同名酒庄“Domaine Arnaud Mortet”。他也许还需要几年时间树立自己的风格，不过他的第一个年份——2016 已经十分吸引人了。

Domaine Denis Bachelet
尽显老藤葡萄的力量与优雅

Denis Bachelet 的祖父在热维－香贝丹村拥有一个颇为“袖珍”的酒庄。幼年时 Denis 的假期都会在祖父的酒庄度过，他对葡萄种植和酿酒的兴趣，就这样生根发芽了。

1979 年，16 岁的 Denis 决定成为一名酿酒师，前往博讷学习酿酒。学成之后他回到祖父的酒庄工作。1981 年祖父去世后，Denis 逐渐挑起大梁并接管了酒庄。

专注于勃艮第小酒庄的美国酒商 Becky Wasserman 成了 Denis 的“伯乐”，她把 Denis 的酒送去给 Clive Coates、Hugh Johnson 和 Jancis Robinson 等权威酒评家品鉴，渐渐帮酒庄打开了知名度。

祖父留下的葡萄园只有 1.8 公顷，但都是品质极高的老藤葡萄园，包括一片夏姆－香贝丹特级园。Denis 尽力购入更多好田，包括热维－香贝丹一级园 Les Evocelles，将葡萄园面积扩大到 4.3 公顷。

Denis 重视葡萄园的管理，严格控制产量，施行绿色采收。采收时先在田间筛选，之后全部除梗并压碎，经过 3—6 天的低温浸渍，以野生酵母启动发酵，全程控温。酿造结束后迅速降温到 13°C，从而将乳酸发酵开始的时间推迟到来年的 6 月到 8 月。这样在装瓶前酒中就能保留更多的二氧化碳，有助于维持新鲜的果味。对于村级酒，Denis 使用大约 30% 的新橡木桶，对于一级园和特级园则使用 50% 的新桶。

在夏姆 – 香贝丹特级园，酒庄拥有 0.43 公顷的葡萄田，平均藤龄超过 90 年，产量极低，极具深度和集中度，是这片特级园的杰作。

从 2008 年开始，他的儿子 Nicolas Bachelet 也加入酒庄工作。

Domaine Fourrier

传承酒神精神，忠实表达风土

20 世纪 30—40 年代，Fernand Pernot 创建了同名酒庄。Fernand 没有结婚也没有子嗣，于是他的外甥 Jean–Claude Fourrier 在 1969 年继承了酒庄。20 世纪 80 年代酒庄沉寂过一段时间，直到 1994 年，Jean–Marie 从父亲 Jean–Claude 手中继承酒庄后，一切有了转机。

Jean–Marie 曾经师从酒神 Henri Jayer，学到宝贵的种植酿造

Domaine
Fourrier
PROPRIETAIRE
RECOLTANT

理念，此外他对于葡萄酒的风格也有着极好的直觉。他接管之后，酒庄的口碑几乎立刻就有了提升，也成为勃艮第最早出口美国市场的酒庄之一。

Jean-Marie 做出的改革，包括将热维－香贝丹村特级园的几片葡萄田分开酿造，只用藤龄 30 年以上的葡萄酿酒。尽管没有在严格意义上实行生物动力法，但也十分重视葡萄园的自然活力和平衡：采用精英筛选法替换老藤，主张在冬季通过剪枝、修芽控制葡萄藤的活力和产量，而无须进行绿色采收，不使用杀虫剂和除草剂，只在绝对必要的时候才在田间喷洒药物杀菌。

现在，Jean-Marie 和妻子还有妹妹共同管理酒庄，拥有近 10 公顷的土地，分别位于热维－香贝丹、莫黑－圣丹尼、香波－慕西尼和伏旧园，其中最有名的葡萄田要数格里特－香贝丹特级园，据说这里曾经是一片樱桃园，葡萄藤种植于 1928 年，产量极低，以优雅的风格见长。

采收时直接在田间筛选，只将完好健康的果实放进筐子，从而避免任何“感染”。在酿酒车间，Jean-Marie 沿袭 Henri Jayer 的理念，将葡萄充分、缓慢地除梗，令葡萄在果皮破开前就进行细胞内发酵，从而保留新鲜而细腻的果味。发酵前先进行 3—4 天的冷浸渍，压皮而不淋皮，之后降温到 12°C，进行缓慢的乳酸发酵——Jean-Marie 认为这样会令酒的陈年能力更佳。

酒庄的所有酒款都不会使用超过 20% 的新橡木桶陈酿，Jean-Marie 认为橡木桶陈年更多是为了帮助葡萄酒缓慢“呼吸”，过多的橡木味会遮盖风土特点。如此酿成的酒大多颜色鲜亮，红色水果味新鲜纯粹，单宁也十分细腻，是风土忠实的表达。

此外值得一提的是，Jean-Marie 坚持不加硫，而是通过调节温度、二氧化碳浓度和酒泥陈酿防止氧化，他尽量长时间保留酒泥，不换桶直至装瓶。装瓶时酒中保留一些溶解的二氧化碳。因此在喝新年份的 Fourrier 酒时需要用醒酒器醒酒。

Domaine Joseph Roty
传奇般的老藤，偏执狂的美酒

Roty 家族在热维 - 香贝丹村的历史可以追溯到 1710 年，现在执掌酒庄的 Pierre-Jean Roty 已经是家族的第十一代。

1968 年从祖父手中接管酒庄，传奇人物 Joseph Roty 生性狂放、偏执，据说他常常在品酒会上接二连三地抽烟，从自己收藏的邮票到法国时政夸夸其谈，用不同类型的女性比喻他的酒，毫不担心触怒有影响力的酒评人。

Joseph 于 2008 年辞世。他儿子 Philippe 在协助父亲完成了几个年份之后，继承了酒庄的事业，极大程度地保持了父亲的酿造方式。不幸的是，Philippe 于 2015 年因病去世，酒庄现任管理者是他的弟弟 Pierre-Jean。

酒庄虽小——仅有 7 公顷左右葡萄园，却拥有勃艮第最老的一些葡萄藤，平均藤龄超过 60 年，夏姆 - 香贝丹、玛兹 - 香贝丹（Mazis-Chambertin）和格里特 - 香贝丹特级园部分老藤甚至超过 100 年，其中最出名的可能要数夏姆 - 香贝丹特级园的老藤：大部分栽种于 1881 年左右，每年仅出产 500—600 瓶酒，是这片葡萄园的标杆性佳作之一。

酒庄从不使用杀虫剂和化肥，而且将葡萄枝修剪得很短，也不像其他勃艮第酒庄为了减少**霜冻**的损失而留下更多的芽苞。

从 Joseph 的时代开始，酒庄就主张完全的除梗酿造，首先对葡萄进行一周的冷浸，之后以野生酵母自动启动发酵，将硫的使用降到最低。在陈酿过程中不断搅桶，以使酒渣融合，而不换桶。特级园使用 50%—100% 的新橡木桶。

和兄长一样，Pierre-Jean 也致力于保持父亲创造的风格。在 2014 年以前，Philippe 也酿造以自己的名字命名的“Philippe

Roty”酒款，2014 年后则一并采用 Joseph Roty 品牌装瓶。

Domaine Duroché
热维村的新生代，优雅风的香贝丹

Duroché 家族在热维 – 香贝丹已经传承了五代，1933 是酒庄首个自行装瓶的年份。

Pierre Duroché 在博讷学习酿酒，学成后他游历了法国南部、澳大利亚、美国加利福尼亚和西班牙，丰富了自己的眼界。2005 年，在跟随父亲工作了两年之后，Pierre 正式接管了酒庄。

作为热维村年轻一代酿酒师的代表，Pierre 酷爱摇滚和雷鬼音乐，酿酒之外的兴趣爱好是攀岩，而且达到专业水准，还加入过法国国家队。Pierre 全家人都投入葡萄酒行业：妻子在沃恩 – 罗曼尼的 Jacques Cacheux 工作，两个姐妹一个嫁给了汝拉的酿酒师，另一个则是 Jean-Michel Guillon 家的儿媳。

酒庄拥有 8.5 公顷的葡萄园，全部位于热维 – 香贝丹村，特级园包括著名的香贝丹 – 贝日园、夏姆 – 香贝丹、格里特 – 香贝丹和拉提西耶 – 香贝丹。香贝丹 – 贝日园的葡萄藤栽种于

1920年，出产风格极为柔美细腻的酒款。格里特－香贝丹的葡萄藤只有0.02公顷，170多株，以往都和村级酒混酿，后来被Pierre单独酿造，可谓酒庄最为难觅的珍贵佳酿了。

从3月到7月，酒庄会持续松土，去除野草，也减轻葡萄藤的水分胁迫，7月以后则任其随野草自然生长。Pierre的父亲和祖父留下了为数众多的老藤。这些老藤活力较低，自然孕育出小粒且风味更饱满的果实，因而不需要绿色采收。6月底小范围进行除叶，让葡萄享受更多阳光，同时也预防霉病发生。酒庄不使用杀虫剂，只在绝对必要时才使用化学制剂喷洒。

手工采收后，从前是100%除梗酿造，从2012年份开始，加入一部分整串进行发酵。只用野生酵母，萃取工序十分柔和，以最大限度地保留当年葡萄的特质。

对于特级园，Pierre使用30%—75%不等的新桶，一级园和村级10%—20%，陈酿13—15个月，不换桶，装瓶时不过滤。

热维－香贝丹村不乏风格浓郁、强烈的酒款，但Pierre孜孜以求并因之成名的，却是纯净、优雅而复杂的风格。

Domaine Sylvie Esmonin
紧致而丝滑，符合潮流的酒

Sylvie Esmonin 来自一个在勃艮第种植葡萄、酿酒数百年的古老家族，其历史可以追溯到 Duc de Bourgogne（勃艮第公爵，1404 年）的年代。通过不断联姻，家族酒庄拥有的葡萄园也逐步壮大。

Sylvie 的祖父一度为 Comte de Moucheron 酒庄工作——Clos Saint-Jacques 曾经全部为其所有。酒庄解体时，他买下了其中的一部分葡萄田，建立了自己的酒庄。

他的儿子 Michel Esmonin 一直将酒大宗销售给中间商。1985 年，Sylvie Esmonin 答应返回家族酒庄工作，前提是酒庄独立装瓶。1998 年，她将酒庄改成了自己的名字“Sylvie Esmonin”。

现在酒庄耕种着 7.66 公顷的土地，大部分位于热维 - 香贝丹，包括著名一级园 Clos Saint-Jacques，此外还有位于默尔索村的一级园 Volnay-Santenots。从 1990 年开始，酒庄就不再使用杀虫剂和除草剂，开始采用有机的种植方式。为了控制产量，早期实行绿色采收，后来转向春季去除多余芽苞。

一级园酒采用高比例整串发酵，Sylvie 认为带梗赋予酒更多架构和复杂度。发酵时间长达 2 周，新橡木桶比例高。

Jasper Morris MW 说，Sylvie Esmonin 的酒“兼具热维－香贝丹典型的紧致酒体和优雅丝滑，十分入时”。

Domaine Trapet Père et Fils
细腻而活力十足，生物动力法名家

在根瘤蚜虫病暴发前夕的 1877 年，Trapet 家族买下了第一片葡萄园。1890 年，根瘤蚜虫病在勃艮第全面暴发，Louis Trapet 连夜前往卢瓦尔河谷取来美洲的砧木进行嫁接，拯救了自己的葡萄园——尽管这种做法当时是为法律所禁止的。

Louis 的儿子 Arthur 从 19 世纪末开始收购葡萄园，包括香贝丹、拉提西耶－香贝丹特级园。

长期以来，Trapet 家族一直为勃艮第的顶级酒商（如 Maison Leroy）提供品质极高的酒。到了 20 世纪 60 年代，酒庄终于开始自行装瓶并销售大部分葡萄酒。

1993 年，新一代继承人将酒庄的葡萄园一分为二，分为 Domaine Rossignol-Trapet 和 Domaine Trapet Père et Fils，后者由

Jean-Louis Trapet 掌管。

从 1996 年开始，Domaine Trapet Père et Fils 全部采用生物动力法种植，2005 年获得了 Demeter 生物动力法认证。

酿造时，Jean-Louis 先将葡萄进行冷浸，再部分除梗酿造。20 世纪 90 年代，Jean-Louis 曾经大量使用新橡木桶，后来他更加谨慎地使用新橡木桶，特级园也不超过 40%，酿出的酒大多细腻而活力十足，单宁架构恰到好处，被认为比兄弟酒庄 Rossignol-Trapet 更加优雅。

1919 年，Arthur Trapet 买下了第一片香贝丹特级园，现在酒庄在这片特级园拥有三块共 1.9 公顷的葡萄田。出品品质极高且性价比高（相比其他名家出品香贝丹）。

醒醒吧，勃艮第酒

卢森堡人 Felix Hirsch 从牛津大学时期就参加葡萄酒俱乐部，同学兼好友中包括如今最重要的勃艮第酒评人之一——William Kelley。以勃艮第精品酒商的身份，Felix Hirsch 年纪轻轻就有丰富的勃艮第品酒经验，也积累了独到的醒酒心得。

在一个米其林二星餐厅精彩而漫长的晚宴尾声，一个朋友拿出一瓶酒让我们盲品。每个人都立马猜出这是黑皮诺，而且是一瓶酿造得很好的酒。但是，没有一个人猜得哪怕沾点边儿：一瓶 2013 年份的 Armand Rousseau 香贝丹特级园酒——堪称勃艮第最受追捧和最昂贵的酒之一。为什么大家都没有盲对？我猜是因为它在醒酒器里醒了足足 3—4 个小时，失去了一款伟大勃艮第标志性的架构和口感层次。

这样的经验提示了我们适当醒酒（或不醒）的重要性。

决定如何喝酒和是否醒酒是非常个人化的选择，每个葡萄酒爱好者都有自己的偏好，当完全相反的观点相遇时，激烈的辩论一触即发。大部分人认为红葡萄酒应该长时间醒酒而白葡萄酒最好打开就喝，这也许适用于波尔多和其他还原性强的品种，无论是西拉还是品丽珠，但最不适用于黑皮诺，正如上面的例子。

事实上，说到恰当醒酒，勃艮第就是个雷区。生产者、葡萄园和年份之间组合的无穷可能性让这个产区如此迷人，但也复杂难解。以下是我 10 年来大量饮用勃艮第酒的经验总结，希望对各位葡萄酒爱好者有帮助。

大部分正餐都以白葡萄酒开局，所以我们先看一看喝霞多丽的最佳方式。通常来说，我发现如果是顶级勃艮第干白，最好留出醒酒的时间。尤其是以还原方式酿造的酒（比如 Coche-Dury、d'Auvenay 和老一些的 Leflaive 等），进醒酒器待些时间会十分受益——闻香和入口都可以感到封闭性逐渐让位于果香，某些情况下酒的质感也变得更好，尤其对于相

2011
Bourgogne
APPELLATION BOURGOGNE CONTROLÉE
CHARDONNAY
DOMAINE COCHE-DURY

对年轻的还原风格勃艮第白葡萄酒。以 2011 年份 d'Auvenay Meursault Les Narvaux 为例，几乎需要一整天来消除还原感；或者一瓶严峻的 1999 年份 Leflaive Bâtard-Montrachet，两个小时的醒酒器醒酒可以让酒体从紧致、还原的口感变得丰满。一点点还原感是好的，但太还原会让酒难以置信地紧致、艰涩，有时甚至影响香气的表现。

另一个导致需要醒酒的常见原因，是在一瓶酒到达其适饮期前打开。说得极端一点，像 Olivier Lamy 的圣托班村这样的酒，年轻时总是难以辨识，但是一旦酒体打开，它们就会展示出千变万化的层次和复杂度。相似地，2014 年份的勃艮第干白年轻时往往显得严峻，醒酒后会有很大改善。不过这不能替代瓶中陈年的效果，充分的陈年还是最佳饮酒体验的保证。

说到红葡萄酒，就完全是另一回事了。在这里，醒酒并不是重点。想想上面提到的香贝丹的例子，最近还有一次类似的经历是 2005 年的踏雪园。经过长时间醒酒之后，一些勃艮第红葡萄酒会变成很好的柔软、和顺的黑皮诺，而非以层次感、复杂度和集中度冲击口腔的酒。

有的人可能喜欢易饮、柔和的酒，我更看重质感，在香气之外，这是区分不同风土的重要指标，比如是夜－圣乔治还是香波－慕西尼。

此外，勃艮第红葡萄酒很少有单宁过于强劲的，无须过度透气醒酒。我几乎总是要为了 20 年酒龄以内的勃艮第白酒需要醒酒而辩，而宁愿推荐红酒简单地开瓶，倒出一小杯，瓶醒几小时（倒出一点是为了瓶中进入更多空气——编注）。这个方法同时适用于非常年轻或非常老的酒，它们需要一点时间绽放。

我能想到的这条规则唯一的例外，就是以某些特别方式酿制的酒，比如 2015 年份之前的 Dugat-Py，或者过于还原的酒。以硬年（冷凉年份导致酒体封闭严肃——编注）的 Dugat-Py 为例，如果倾向于酒年轻时就喝，醒酒能够软化一点口感。当面对一瓶还原度甚高的酒，10—15 分钟的醒酒器快速醒酒能创造奇迹，展现果香。

饮用勃艮第酒是人生最愉悦的事之一。尽管人们容易将事情复杂化，或者被这个产区无比的复杂性吓到，但还是有一些方法可以帮你理解或是尽量理解你的酒。最重要的是记得，相信你的味觉。在做决定前先尝一尝，看是否需要通过醒酒来提升你面前的酒的表现。

BEAUNE
博讷不性感

BEAUNE
博讷

Les Montrevenots
Les Aigrots
Les Aigrots
Aux Coucherias
Champs Pimont
Le Clos des Mouches
La Mignotte
Les Vignes Franches
Les Sizies
Les Avaux
Pertuisots
Les Sizies
Les Vignes Franches
Les Vignes Franches
Les Seurey
Clos Landry
Les Sizies
Les Boucherottes
Les Avaux
Le Clos de la Mousse
Les Chouacheux
Les Tuvilains
Les Avaux
Les Tuvilains
Belissand
Les Renversées

Beaune Premier Cru 博讷一级园

Beaune 博讷市

Côte de Beaune 博讷丘

在勃艮第，有一些村子是“性感的”（sexy），有一些则不那么性感（less sexy）——我第一次听到这种说法时也有点蒙，随即明白过来，对比沃恩－罗曼尼、热维－香贝丹、夏瑟尼－蒙哈榭这些出名的、抢手的、酒卖得起价的村子，沃内（Volnay）、圣托班、桑特内（Santenay）……这些村子虽然也出好酒，但只有资深勃艮第饮家才懂，酒价也比名村低上一截，以势利的眼光看来，就没那么“性感”了。

相比那些出自名村世家，一出生就注定要继承特级名园的年轻人，Benjamin Leroux 可以说是白手起家，打拼出了一片自己的天下。作为一个没有背景、没有田产的普普通通勃艮第人，才华和雄心可能是他唯一的财富了。

据说 Benjamin 自小被视为神童，1999 年进入名庄 Domaine Comte Armand 酿酒时才 23 岁。2007 年他在沃内创建了自己的酒庄，以微型酒商（Micro Negoce，就是没有自己的田，东一点西一点买葡萄酿酒）的方式工作，同时在Domaine Comte Armand酿酒直至2013年，被Allen Meadows赞为勃艮第最有天赋的酿酒师之一，也是有可能成为下一个酒神Henri Jayer的人。

经过十几年的积累，他现在终于从沃内搬到了博讷，也拥有了自己的7.5公顷葡萄园——他买的多为以前有长期租约、知根知底的葡萄园，目前占到酒庄总产量的1/3，相信还在缓慢增加。以眼下炙手可热的行情，能在勃艮第买入田产的可不是一般人。

Maison Benjamin Leroux就在博讷老城中心，大酒商Albert Bichot的房子后面，步行可达的距离。我们一大早上奔过去，不小心迟到了8分钟，Benjamin已经带着两位韩国酒商先行下酒窖了。我们一人抓了一只杯子，屏息凝神，急急赶上进度。

几个转折来到地下酒窖，在满满当当的橡木桶丛林中，Benjamin背倚着一只橡木桶，双臂交叉站立，几乎没有表情地对我们微微点头，继续高谈阔论他在默尔索一级园Blagny的田块，这里同时能够种植红葡萄和白葡萄，因为海拔高、微气候冷凉，在全球暖化的大趋势下，Benjamin认为红葡萄酒的前途一片光明。

也许是因为他年少成名，予人的印象还是个年轻人，见到本尊才恍然反应过来：Benjamin两鬓微霜，已经是四十多岁的人了，

2017
MEURSAU
BENJAMIN LER
2018
MEURSAUL
BENJAMIN LERO
2018
MEURSAU
BENJAMIN LER
2018
AUXEY-DURE

可能不变的，是他眼神里流露出的坚定和睿智，以及一丝不易察觉的狂热。

很多勃艮第酒农都在不同村子拥有地块，酿造不同的酒款，但像 Benjamin 这样，在金丘（Côte d'Or）从北到南的 53 个法定产区酿酒，很多酒只有一桶或两桶的产量，是极为罕见的——一个人如何能够理解和表现这么多产区和风土的酒款？ Benjamin 一言以蔽之，说酿酒没有定式（recipe），全靠盲品决定每一款酒的酿造。

这就像一枚硬币的两面，不是传统酒农出身，也就没有传统的束缚，Benjamin 完全按照自己的想法酿酒，自己总结自己的风格是"自由（freedom）"。

来自首尔的韩国酒商显然与 Benjamin 合作了多年，对他的酒款如数家珍，一边品酒一边频频发出赞叹，之后不失时机地提出确认新年份的配额。我们偷笑，非常理解他年年向 Benjamin 订酒，还年年都很急切的心情。在勃艮第，好酒农的好酒就是很抢手，如果拿不到足够的配额，回去如何面对嗷嗷待哺的客户呢。

我们没有韩国酒商这么多年品鉴 Benjamin 酒的经验，只能问 Benjamin，与年少成名期相比，他自己的口味有什么变化。

"我以前喜欢强壮的酒，现在认为勃艮第黑皮诺的灵魂是优雅，力度哪里都有，优雅到底是难得的。”他说，因此他越来越减少新橡木桶的使用，也尝试不同比例的带梗发酵。Jasper Morris MW 对此评价道：“这个天才的酿酒师擅长在酒中表达纯净的果味和无痕的架构，橡木的影响甚为微妙。”

“那你有没有尝试过 100% 带梗发酵呢？”“有啊，”Benjamin 看了我一眼，“但是结果很糟糕，就不给你尝酒了哈。”

传统名庄

Domaine Bonneau du Martray

思想家之酒，陈年后才会绽放

这家酒庄的独特之处，在于它是勃艮第唯一只酿造一白一红两款特级园酒的酒庄。

白的来自整整 9.5 公顷的科尔登－查理曼特级园，有人说，这是很难用语言描述的一款酒，尤其在它年轻的时候，它可以让你等上 10 年的时间才会透露那么一点在“矿物、酒体、酸度”之外的信息。即便是陈年，它也不会像蒙哈榭那样以一种惯常的方式绽放。红的是 1.5 公顷的科尔登园，成就与光彩略逊于其白。

酒庄的历史可以追溯到 19 世纪，后来也经历了一些风雨飘摇的日子，直到 1969 年，家族后裔 Alice 与 Comte Jean le Bault de la Morinière 结婚，花了几年的时间重振酒庄，使之逐渐成为科尔登－查理曼的代表性酒庄。1990 年由 Matt Kramer 著述的《理解勃艮第》（*Making Sense of Burgundy*）中说："无论何时提到科尔登－查理曼，Bonneau du Martray 都会出现在前几行。"

现任庄主 Jean-Charles 是从 1994 年接管酒庄的。葡萄园采用**居由式**种植，老藤居多，化学品是被禁止使用的，Jean-Charles 说："目标很明确，在有机种植的同时，朝向生物动力法迈进。"

酿造环节总带有一种实验室研究的学术精神，酿酒师用各种实验来检验葡萄的酸度等硬性指标。所有的发酵都是自发产生的，搅桶也需要保持一个非常合理的节奏。"我希望一切都是一点一点、自然而然产生的。"Jean-Charles 说，发酵可能会延续 3 周左右。

Bonneau du Martray 的酒极具陈年潜力，需要相当的陈年时间才能达到适饮期，因此酒庄会向美食家和餐厅推荐那些已达适饮期的老年份酒。Jean-Charles 是一个非常有见地的庄主，参观过 Bonneau du Martray 的人总有这种感觉，这不仅是一次品酒之旅，更是一场端着酒杯的思想交流。曾有媒体如此评论酒庄的葡萄酒："它不只是将科尔登山上的阳光展现在你面前，它还会把你所不知道的自己展现在你的面前。"

Domaine Chandon de Briailles

美好的素颜酒，科尔登的风土代言人

从 1834 年起，de Nicolay 家族就拥有这个有着辉煌城堡的酒庄（这在勃艮第并不多见），但它出现在资深爱好者视野里并得到勃艮第行家的认可，是从 1988 年 Claude de Nicolay 接管酒庄开始的。

20 世纪 80 年代，酒庄就已经意识到化学品对土壤的伤害和对葡萄酒的不良影响，停止使用杀虫剂和化肥。90 年代采用有机种植，2005 年转向生物动力法，2008 年出产了第一款生物动力法酒。

在红葡萄酒的酿造中，依据年份和地块决定带梗的比例，Claude 认为完美成熟的果梗赋予酒风格和复杂度，因此在差年份去梗比例高。陈酿以旧木桶为主，每年只进少量新橡木桶。白葡萄酒用野生酵母，22°C 低温缓慢发酵，发酵时间有时长达一两个月。在旧木桶中陈酿，不搅桶。以求酿造出清新、带有风土特征的葡萄酒。Claude 把自家酒描述为“素颜酒”，她的酿酒哲学是，酿制在不同的生命阶段都为人们所赞赏的好酒。

记者和酒评人 John Gilman 说，“这家酒庄快速成为金丘最好的酒庄之一，这些优质、具有传统风格、带有风土特点的红酒和白酒非常出色，是博讷丘的至宝，不容错过”。

科尔登是博讷丘唯一出产特级园红酒的产区，而 Chandon de Briailles 被认为是科尔登的风土代言人。科尔登国王园特级园酒（Corton Clos du Roi Grand Cru）的品质不负它的名字“国王之园”，富含石灰岩，100% 带梗酿制，具有出色的浓缩度和架构感。

Domaine Simon Bize
细腻而优雅的酒，不着痕迹的平衡

这家位于萨维尼 – 博讷的酒庄始于 1880 年。1950 年是酒庄历史上的转折点。这一年，酒庄开始建立自己的销售体系，与经销商和餐饮渠道建立了联系，使酒庄高品质的葡萄酒得到广泛的认知和业内的赞赏。1972 年，Patrick Bize 接手酒庄后扩大了酿酒车间，引入了先进的酿酒设备，同时购入更多优秀的新葡萄园。2013 年 Patrick 去世，他的妻子 Chisa 和妹妹 Marielle 以及整个团队延续着他对于高品质葡萄酒的追求。

酒庄拥有的特级园包括科尔登 – 查理曼和拉提西耶 – 香贝

丹，还有 7 个一级园。酒庄出产最多的酒款是萨维尼 - 博讷一级园酒（Savigny-lès-Beaune 1er Cru），许多酒评人品鉴这款酒后，对于萨维尼 - 博讷的风土潜力刮目相看。

在酒庄看来，收获酸度与成熟度达到完美平衡的葡萄是酿制好酒的基础。酿造白葡萄酒时，采摘的葡萄立即压榨，在 20°C—24°C 低温下发酵 4—6 周，之后在桶龄 1—5 年的大橡木桶中陈酿，新桶的使用比例在 15%—30%。

在红葡萄酒的酿造中，Simon Bize 追求的是细腻与优雅，而非强劲与浓缩。依据年份的不同，决定带梗发酵的比例，酒精发酵持续 5—7 天，然后在桶龄 1—6 年的橡木桶中陈酿约 12 个月。装瓶前不澄清不过滤。

Domaine Michel Lafarge

老派名家，美妙而和谐的风土酒

2020 年 1 月，91 岁的 Michel Lafarge 去世的消息传来，葡萄酒世界一片惋惜之声，“他是我们中智慧的那一个，你总是可以向他寻求建议，而他从不拒绝”，勃艮第酒农协会 CAVB 的主席

Thiébault Huber 在接受 *Decanter* 杂志采访时说。

从 19 世纪中叶，Michel Lafarge 家的酒就以橡木桶运往巴黎各大餐厅销售，是沃内历史悠久的名庄，当地风土的最佳诠释者。酒庄建立在勃艮第公爵建造的酒窖之上。Michel Lafarge 在二战后加入家族酒庄，20 世纪 40 年代后期开始酿酒，1978 年，他的儿子 Frédéric 开始和他一起工作，Frédéric 的女儿 Clothilde 后来也加入团队中。

Domaine Michel Lafarge 的葡萄园约为 12 公顷，包含了沃内一些最好的地块，藤龄成熟而不过老，产量低但不极端。0.57 公顷的 Clos du Château des Ducs 是一片老藤独占园，酒风优雅细腻，Clos des Chênes 的酒则酒体强壮，单宁密实有力，陈年后饮用更佳。

从酒庄创立至今，一直采用传统的有机方式打理葡萄园，Michel 非常排斥曾流行于 20 世纪中期的化学种植方式，他从来没有在传统的种植方式上偏离过方向。酒庄获得了 Ecocert 有机认证和 Demeter 生物动力法认证。他们会把母鸡带到葡萄园里，吃掉葡萄藤里的小虫。

在酒窖里采取极少干预主义，酿酒车间看不到任何现代酿酒设备的痕迹，从除梗到压榨，所有工序几乎都是手工完成的。完全去梗但不破皮，整粒浸渍发酵，新橡木桶使用率 0—15% 不等，其余是 2—5 年的旧桶。有限倒桶，轻微澄清，几乎不过滤。酒庄几乎是用一种直觉并且尊敬风土的方式酿酒，没有任何强加的痕迹，由此酿造的葡萄酒能够“为自己说话”，香气美妙，复杂而和谐。

在多款一级园酒和村级、大区酒之外，酒庄还有一款“特别款”勃艮第混酿酒（“L'Exception” Bourgogne Passetoutgrain），黑皮诺和佳美各占 50%，酿自 1928 年种下的老藤葡萄。Jasper Morris MW 认为，这款酒“带有浓郁的紫色和沁人的花香，很难说出是哪种葡萄在香气中占主导。一入口，黑皮诺的特点就立即表现出来，佳美的活力紧随其后”。

Domaine Marquis d'Angerville

低产而细腻的黑皮诺，贵族气质的酒

从 12 世纪开始种植葡萄的名园 Clos des Ducs，19 世纪末由 Eugène du Mesnil 传给非直系亲属的 Sem d'Angerville——Domaine Marquis d'Angerville 的创始人。根瘤蚜虫灾害席卷勃艮第后，Sem d'Angerville 在这里重新栽种了黑皮诺。20 世纪初，他率先在酒庄装瓶，并且与美国建立了生意往来。

1952 年，Sem d'Angerville 去世，他的儿子 Jacques 接管酒庄。Jacques d'Angerville 不仅让酒庄的名气得到提升，还致力于勃艮第产区的推广。他曾是四届勃艮第葡萄酒行业协会（Bureau Interprofessionel des Vins de Bourgogne，简称 BIVB）的主席；参与创建了第戎葡萄和葡萄酒学院（L'Institut Universitaire de la Vigne et du Vin à Dijon）并担任首届院长；担任过法国葡萄酒学院（L'Académie du Vin de France）院长；是国际葡萄酒协会（L'Académie Internationale du Vin）的创始成员。Jacques d' Angerville 经历了 52 个年份的酿酒工作。被《贝丹 & 德梭指南》评为"勃艮第 20 世纪的重要人物"。

2003 年，Jacques d'Angerville 去世，他的儿子 Guillaume d'Angerville 接管酒庄。

酒庄拥有大约 15 公顷的葡萄园，在沃内有 5 个一级园，共 11 公顷，出自东南朝向的泥灰岩，地表多石块，能够很好地保存温度，有利于葡萄成熟。酒庄在其他产区也拥有葡萄园，如默尔索的一级园 Les Santenots、波玛（Pommard）的一级园 Les Combes Dessus。

2005 年 François Duvivier 加入酒庄后，全面转向生物动力法。日常用犁翻土，禁止使用任何除草剂。一旦有葡萄植株被拔除，在重新栽种前要种植 3 年的苜蓿。酒庄对于葡萄品系的挑选非常严格，由此诞生的黑皮诺细腻、低产，被称为“安杰维勒皮诺”（Pinot d’Angerville）。

采收的葡萄全部去梗，进行短期的低温浸渍后自然启动发酵，持续 15 天左右，采用轻柔而自然的萃取方式，不使用泵，以免让葡萄酒疲累。不追求单宁的量，但要具有高品质。转桶采用重力法，新桶比例取决于年份特点，沃内的酒平均采用 20% 的新桶，因为其精致与细腻无法承受过多木香的冲击。装瓶前会进行很少的过滤和澄清，按照生物动力法日历进行装瓶。

Volnay 1er Cru“Clos des Ducs”酿自位于海拔较高陡坡上的 2.15 公顷葡萄，有着特级园酒的集中度和酒体，Jacques d’Angerville 称其为“沃内之心”。其 2014 年份被酒评家 Robert Parker 誉为“拥有陈年潜力且非常贵气的一款酒”。

Domaine de Montille

低调的实力派，小酒也出彩

酒庄的历史始于 18 世纪，其现代历史则始于 1947 年——当 Hubert de Montille 的父亲去世，17 岁的他开始酿酒，4 年后完全接管了酒庄。那时酒庄只有 3 公顷葡萄园，Hubert 一边做律师，一边酿酒。因为出现在反映葡萄酒全球化浪潮的著名纪录片《美酒家族》（*Mondovino*，2004 年）中，酒庄被很多人熟知。

Hubert 的儿子 Etienne de Montille 和女儿 Alix（白葡萄酒大师 Jean-Marc Roulot 的妻子）也加入酒庄工作。1995 年，Etienne 成为酒庄管理者之一，为酒庄纳入了更多优秀葡萄园。现在酒庄共有 37 公顷葡萄园，75% 为一级园和特级园，Domaine de Montille 名下有 23 公顷，以 Château de Puligny-Montrachet 酒标装瓶的有 14 公顷。

不过 Etienne 对葡萄园的更大贡献是，1995 年开始实行有机种植，2005 年全面转向生物动力法，并在 2012 年得到认证。

2003 年，Etienne 和 Alix 还创立了一个酒商公司，命名“Les Deux Montilles”，主营白葡萄酒，挑选不同风土的优质但性价比很高的葡萄酒。

Domaine de Montille 的葡萄酒以香气纯净而闻名，其红葡萄酒被视为黑皮诺最纯净的表达。比起力量和萃取，de Montille 的酒更注重平衡和优雅。葡萄酒专家认为，勃艮第小酒最见酒农实力，酒庄的大区级白酒来自 Corpeau, 正好在普利尼 - 蒙哈榭另一边，在 228 升和 600 升旧桶中压榨和发酵，陈酿一年，最多使用 20% 新桶，表现堪比最优秀的普利尼 - 蒙哈榭村级酒。

Hubert 于 2014 年去世，此后酒的品质并未下降，而风格有所变化。Hubert 的酒年轻时严肃，Etienne 的酒更平易近人。Hubert 一天踩皮 6—8 次，25%—50% 带梗；Etienne 将踩皮减少到一天 2 次，依据年份决定 0—100% 带梗。唯一保持不变的是对于新桶的节制使用，一级园酒 20%—30% 新桶，特级园和超一级园酒 40%—50% 新桶。装瓶前通常不过滤不澄清。

酒庄的 Les Malconsorts Christiane 酒（以 Hubert 的妻子 Christiane 命名）被认为是这片超一级园的最佳出品之一。

实力名家

Lucien le Moine
像制作高级定制时装一样酿制手工酒

这是一个微型的，如法国高级定制时装（Haute-Couture）一样运作的小酒商，工作方式简单而极致：两个人——Mounir Saouma 和他的妻子 Rotem——几乎手工完成一切工作。

20 世纪 80 年代，黎巴嫩人 Mounir Saouma 去修道院参观，由此接触了葡萄园的工作，并第一次学习酿酒。其后，他赴蒙彼利埃（Montpellier）学习葡萄种植和酿酒，毕业后在勃艮第和法国其他产区、美国加利福尼亚工作了 6 年。

1999 年，Mounir 和妻子 Rotem 创立了这个小酒庄。Rotem 出身于奶酪制作之家，在第戎学习农业，并最终转向葡萄酒。酒庄的名字也富有深意，阿拉伯语的“Mounir”是“光明”的意思，在法语中对应的词是“Lucien”，“Le Moine”是“僧侣”的意思，暗指 Mounir 是在修道院播下的酿酒事业的种子。

经年累月，Mounir 和 Rotem 在勃艮第认识了许多出色的葡萄农，他们没有长期合约，而是每年寻找最优质的葡萄园，依据年份表现做选择。酒庄每年出产不会超过 100 桶——约合 2500 箱葡萄酒，Mounir 认为一旦超过这个量，就会剥夺每款酒的手工痕迹了。每款酒只酿造 1—3 桶不等，这要求每桶酒都得完美，无法以最终的调配来掩饰任何微小的失误，对酿酒人来说是巨大的挑战。

Mounir 的天分是对于年份质量和风格有灵敏的嗅觉，他和桶商 Stéphane Chassin 紧密合作，以确保橡木桶完美契合当年酒的需求。所用橡木来自橡树生长最缓慢的 Jupilles 森林，陈酿采用 100% 新橡木桶。

所有的陈酿都是带酒泥完成的，搅桶次数少而且非常轻柔，陈酿期间不倒桶。酒窖天然环境的湿冷使得乳酸发酵推迟到来年夏天。长时间发酵自然产生的很多二氧化碳替代了需向酒中添加的二氧化硫（所以喝之前最好用醒酒器醒酒）。不过滤、不澄清，总是在满月的日子以重力法手工装瓶。

Domaine Jean-Marc et Thomas Bouley
红白俱佳，细腻迷人的风土酒

这家酒庄在 Bouley 家族手中传承了 100 年。1919 年 François Bouley 创建了酒庄，1948 年传给了儿子 Christian Bouley。1974 年 Jean-Marc Bouley 创建了自己的酒庄，1984 年与家族的酒庄合并。2002 年，Jean-Marc 的儿子 Thomas 加入酒庄工作，并在 2012 年获得了酒庄的管理权。

酒庄拥有 12 公顷的葡萄园，分别在波玛和沃内，以红葡萄酒为主，但不能忽略上博讷丘的白葡萄酒，产量很少，品质极高，价格可能只有同样水准其他勃艮第干白的一半。《贝丹 & 德梭指南》对其的整体评价是："酒庄的沃内可以再陈放几年来展现风土的精致，波玛的酿造很用心，单宁紧实。另外，不要忘记超棒的白葡萄酒系列。"

在葡萄园的管理上，酒庄采用有机种植，不用任何除草剂和化学制剂，手工除芽和剪枝，从 2012 年起采用**居由 - 普萨尔剪枝法**。

采收的葡萄部分去梗发酵，发酵时间持续 2—3 周。在酿酒过程中尽可能减少人工干预，酿成细腻、精准的葡萄酒。村级酒

Volnay “Vieilles Vignes” 的 2016 年份被《贝丹 & 德梭指南》评价：“具有极为出色的细腻感，与寻常的沃内不同，但又并没有偏离方向。活力十足。”

一级园酒 Volnay 1er Cru “Clos des Chênes” 更是酒庄的代表性佳酿之一。

勃艮第酒商酒碎碎念

勃艮第就是这么复杂难懂的产区，在只用自有葡萄酿酒的酒庄（通常名为 Domaine）和外购葡萄 / 葡萄汁酿酒的酒商（通常名为 Maison）之间，简单粗暴地认定酒庄酒一定优于酒商酒，甚至视后者为垃圾，就损失了好大一片精彩的世界。

我们请常居巴黎的资深葡萄酒爱好者周游再和我们聊一聊酒商酒怎么选。

葡萄农种植葡萄、酿酒，卖给酒商装瓶和销售，是勃艮第葡萄酒行业最传统的形态。20 世纪中叶，越来越多的酒农开始独立装瓶和销售，反向促使酒商重视自有葡萄园的扩大和管理，酒庄（Domaine）和酒商（Maison）的界限渐渐模糊。随着 20 世纪 90 年代后小型精品酒商崛起，酒商酒质量不及酒庄酒的成见也被打破。

在勃艮第各大酒商中，我着重选出介绍的五家，是勃艮第爱好者最容易接触和买到的。在勃艮第酒价飞涨的今天，由于大酒商产量高，炒作空间小，也更容易在其中找到高性价比的酒款。

Bouchard Père et Fils
宝尚父子酒庄

两个多世纪前创立的 Bouchard Père et Fils，是勃艮第历史最为悠久的几大酒商之一。1723 年，起初是经营布料生意的 Michel Bouchard，卖布之余也倒腾几桶葡萄酒。1731 年 Michel 来到博讷市，葡萄酒的生意也越做越大，收益更甚于布商主业，1746 年他正式与儿子 Joseph 成立公司经营葡萄酒。

1775 年，Joseph 在沃内村买下的第一块田，是村里最为优秀的一级田。1785 年，酒庄正式启用了如今的名字

Domaine
Bouchard Pere & Fils
LE MONTRACHET

"Bouchard Père et Fils"。法国大革命期间的1791年，当时的庄主Antoine抓住机会，买下了被充公拍卖的教会资产，一举扩大了家族旗下的葡萄园。1838年，又买下接近2公顷特级园蒙哈榭最好的田块，1850年进军特级园骑士-蒙哈榭园（Chevalier-Montrachet），1858年又拿下了博讷著名的一级园小耶稣园（L'enfant de Jésus）。

酒庄在家族手中传承250年后，1995年，来自香槟、历史悠久的Henriot家族成为酒庄的新东家。紧接着，1998年，Henriot家族收购了夏布利（Chablis）的大酒商William Fèvre。

经过两个多世纪的扩张和继任者的经营，如今Bouchard拥有130公顷的葡萄园，包括12个特级园，其中有香贝丹、蒙哈榭、波内玛尔等顶级名园，74个一级园，其中有独占园小耶稣园，默尔索村最优秀的Les Perrières，紧邻踏雪园的Les Gaudichots（一级园的部分）。在1976—2005年，Domaine du Comte Liger-Belair独占的特级园——罗曼尼园的部分出产也由Bouchard负责酿造、装瓶和销售。

现在Bouchard拥有现代且精细的酿造技术，风格也越来越趋向于干净纯粹的方向，出产的酒款都具有相当稳定的水平。每年产量超过 300 万瓶，其中 60 万瓶来自自有葡萄园。产品覆盖了勃艮第从北到南的所有主要村庄，价格合理，入门的勃艮第大区级和村级酒在大型零售商店常有售卖，一级园、特级园和独占园酒则通过专业酒窖发售。

Maison Louis Jadot
路易亚都酒庄

Jadot 家族早在 1826 年就拥有了第一块位于博讷的一级独占园 Clos des Ursules，1859 年 Louis Henry Denis Jadot 创立了酒商公司 Maison Louis Jadot，其名一直沿用至今。

自创建以来，源自比利时的 Jadot 家族一直致力于发展北欧、英国和美国的市场，并聘用酿酒师 André Gagey 参与管理工作。1970 年酿酒师 Jacques Lardière 加入，和 André 合力将酒庄由主营酒商业务，逐步转变为兼顾自家种植酿造的大方向。

1985年是酒庄历史上关键的一年，当时的女庄主Jadot夫人将酒庄出售给长期合作的美国进口商Kopf家族，但保留原来的管理团队，André Gagey继续管理酒庄。Kopf家族紧接着又买下了夜丘名庄Clair Daü，一举获得了相当多的顶级风土，比如一级园Clos Saint-Jacques、爱侣园和特级园夏贝尔-香贝丹、香贝丹-贝日园、慕西尼、波内玛尔。Pierre-Henry Gagey也是1985年加入酒庄工作的，并在1992年从父亲André Gagey手里接任，管理酒庄至今。

如今Maison Louis Jadot在勃艮第和博若莱（Beaujolais）一共拥有超过250公顷的田地，出品150余种酒款，包含勃艮第大部分的特级田，夸张点说，列出酒庄没有的特级田反而会更容易一些。2011年 Frédéric Barnier接替Jacques Lardière管理酿造，保证每年出品质量的稳定性和整体风格的一致性。干白酒款采用更为柔和的气动式压榨机压榨，然后放入大木桶中发酵，经历12—20个月的带酒渣陈酿。红葡萄酒采用去梗但不破皮的方式酿造，不做发酵前的冷浸渍，进行12—22个月的橡木桶陈酿。新桶比例占1/3，均由自家名下的CADUS橡木桶厂专门定制。

Louis Jadot 的入门大区级酒款 Bourgogne、Coteaux Bourguignons 在大型零售商场比较常见，热维 - 香贝丹村级酒很能体现酒庄的经典风格。一级园酒中的 Clos Saint-Jacques 是这块著名风土的五家拥有者之一，价格合理。特级园酒的代表是香贝丹 - 贝日园。优秀的干白酒款里，特级园骑士 - 蒙哈榭的 Les Demoiselles 最为著名。

1996 年酒庄在博若莱产区创建了 Château des Jacques，出品陈年能力相当优秀的博若莱村级和单一园酒款，性价比出众，老年份的 Château des Jacques 是很多法国餐厅酒单上的常客。

Domaine Faiveley
法维莱酒庄

Domaine Faiveley 是勃艮第极少数从始至终都在家族手中传承至今的大型酒商之一。1825 年夜丘本地人 Pierre Faiveley 创立了 Domaine Faiveley，既做鞋匠生意，同时也经销葡萄酒，19 世纪 40 年代末逐渐专注于葡萄酒商生意。Pierre 的儿子 Joseph 接手酒庄后，将市场扩大到比利时和荷兰。第三任庄主 François 年轻时从医，加入酒庄之后，正值根瘤蚜虫在全法肆虐，François 全力挽救酒庄的葡萄田，也算是以另一种方式延续了医生的工作。

20 世纪 30 年代，在夜 - 圣乔治起家的 Faiveley 家族，买下了热维 - 香贝丹村最有名的几块特级田，之后又进军夏隆内丘，收购了梅尔居雷村（Mercurey）的一些优秀地块。家族第六代 François Faiveley 大力推动酒庄生产的现代化发展，使 Domaine Faiveley 成为勃艮第第一批使用葡萄分拣台且采用冷浸渍提取香气的酒庄之一。

François 的儿子 Erwan 在 2005 年开始接班，那时他才 25 岁，女儿 Eve 于 2014 年也加入酒庄工作，酒庄顺利传承到第七代手中。2008 年，特级园巴塔 - 蒙哈榭、比沃尼 - 巴塔 - 蒙哈榭（Bienvenues-Bâtard Montrachet）等名园被纳入酒庄名下。

Domaine Faiveley 是勃艮第少见的专注于经营自家田地的超大型酒商，如今拥有约 120 公顷葡萄田，12 个特级园共 12 公顷，25 个一级园共 27 公顷，在夏隆内丘拥有 72 公顷的葡萄园，包括梅尔居雷最优秀的一级园 Clos du Roy。

在 Domaine Faiveley 的众多酒款中，慕西尼特级园酒绝对是其中最神秘的，2016 年之前，一共 334 平方米的葡萄田，每年产量大约是半桶 150 瓶，非常罕见。2016 年，Faiveley 从 Dufouleur 家族手中新购入了 0.1 公顷的慕西尼田块，新地块紧贴着 Roumier 家的田块，产量有望上升到两桶。在夜丘，香贝丹 - 贝日园是 Faiveley 家最顶尖的酒款，尤其是老藤版本的“Ouvrées Rodin（香贝丹 - 贝日园中一小片田块）”。在博讷丘，特级独占园酒 Clos des Cortons Faiveley 是酒庄最得意的作品，Clos des Cortons Faiveley 也是勃艮第仅有的两个带酒庄名字的特级独占园之一（另一个是罗曼尼 - 康帝园）。说到性价比，酒庄在夏隆内丘几块一级园的酒是最好的选择，尤其是 Mercurey 1er Cru Clos du Roy，兼具优雅与花香。

Maison Joseph Drouhin

约瑟夫·德鲁安酒庄

1880年,来自夏布利的22岁年轻人Joseph Drouhin在博讷创建了酒商公司Maison Joseph Drouhin。130多年来,家族的规模不断扩大,Joseph的儿子Maurice将博讷著名的一级园Clos des Mouches收入囊中,第三代Robert Drouhin于1957年开始执掌酒庄,是勃艮第最早开始探索合理防御的先行者,建立了自家的实验室进行土壤和酿造分析。如今酒庄已传至家族第四代。

Drouhin家族资本雄厚,如今酒庄葡萄园总计73公顷,以博讷产区为重点,覆盖90多个法定产区,涵盖了勃艮第2/3的一级与特级园。尽管面积广大,酒庄仍然尽力采用合理防御与生物动力法的理念管理葡萄园。

酒庄最引以为傲的一级园Clos des Mouches,备受勃艮第资深爱好者的追捧,独特之处在于可种植红、白两种葡萄,被认为具有特级园的实力。

在众多酒款中,酒庄既有慕西尼、波内玛尔、巴塔－

蒙哈榭、蒙哈榭的 Marquis de Laguiche 等顶尖特级园酒，亦有爱侣园、Grèves、Les Perrières 等品质不输于特级园的一级园酒。香波－慕西尼一级园酒是由 4 个小地块的葡萄混酿而成，是性价比出色的选择之一。

Maison Louis Latour
路易乐图酒庄

勃艮第爱好者们最容易接触到的顶尖特级园酒罗曼尼－圣维旺，往往来自这个历史悠久的大酒商“Louis Latour”。酒庄拥有香贝丹、罗曼尼－圣维旺以及科尔登的 Grancey 等顶尖特级园酒，其标志性的绿色圆形瓶颈标一望即知。

1731 年买下第一块葡萄田，1768 年创立自己的橡木桶厂，同时开始收购环绕阿罗克斯－科尔登的葡萄园，包括位于科尔登的特级园——准备就绪的 Jean Latour，于 1797 年创立了 Maison Louis Latour。

1891 年家族从 Comte Grancey 手里买下他的城堡 Château

Corton Grancey 和环绕城堡的 33 公顷葡萄园，1900 年又将如今酒庄最受瞩目的几块特级园收入囊中，包括罗曼尼－圣维旺和香贝丹。另一个值得留意的历史性时刻是，1913 年 Louis Latour 与另一家大酒商 Louis Jadot 联手买下了特级园骑士－蒙哈榭的 Les Demoiselles，双方各占有 0.51 公顷。

如今酒庄传至第七代庄主 Louis–Fabric Latour 手中，拥有 48 公顷葡萄园，超过一半（28 公顷）是特级园，是勃艮第最大的特级园拥有者。

2012 年，酒庄投资 150 万欧元翻修位于 Corton Grancey 的酿造车间，采用现代化设备的同时，也运用传统重力换桶的方法减少不必要的机器干扰。现在每年自产和收购的葡萄都会集中在这座现代化酿造车间进行压榨和发酵。

2017 年，拥有法国波尔多、勃艮第，以及澳大利亚等多产区工作经验的 Christophe Deola 成为酒庄的酒窖主管，在尊重传统和注重环境保护的同时，也在寻求创新和突破。

酒庄出品的超过 100 个法定产区酒款中，罗曼尼－圣维旺和香贝丹的 Cuvée Héritiers Latour 在如今价格飞涨的勃艮第产区，是定价相对合理且容易买到的特级园酒款。酒庄传承历史的 Corton Grancey 酒款，从旗下四块科尔登略地里精选最好的葡萄混酿而成，在科尔登这块各家水平参差不齐的特级园坑里，是质量稳定的中上之选。酒庄的干白酒款中，科尔登－查理曼和骑士－蒙哈榭的 Les Demoiselles 拥有极为优秀的陈年潜力，尤其是后者，值得收藏。

酒庄入门的大区级和村级酒款，例如，阿罗克斯－科尔登村级酒、勃艮第大区酒、博讷村级酒等，在各大型零售商场均有发售，虽然没有让人眼前一亮的杰作，但是胜在价格平易近人，亦体现了法定产区的典型风味，可以作为爱好者的入门之选。

MEURSAULT

默尔索卧虎藏龙

MEURSAULT
默尔索

Volnay-Santenots Premier Cru (red wines) 沃内 - 桑特诺一级园（红葡萄酒）
Meursault Premier Cru (white wines) 默尔索一级园（白葡萄酒）

Meursault Premier Cru 默尔索一级园

Meursault Premier Cru (white wines) 默尔索一级园（白葡萄酒）
Blagny Premier Cru (red wines) 布拉尼一级园（红葡萄酒）

Meursault 默尔索村级

N
Les Cras
Les Caillerets
Les Santenots Blancs
Les Plures
Les Santenots du Milieu

一个阴雨连绵的早上，我们不无疑虑地前去默尔索村拜访 Fabien Coche。勃艮第权威酒评人 William Kelley 大赞其风格：“在 Coche-Dury 和 Roulot 之间，有 Roulot 的纯净度和酸度，但没有二氧化硫带来的年轻 Roulot 的还原感，也没有 Coche-Dury 丰裕奢华的架构，只有真正老藤的深度和对于不同风土的最纯净表达。”——这真的不是过誉了吗？

虽然 Fabien Coche 也姓 Coche，他的祖父 Julien Coche 和 Jean-François Coche（Domaine Coche-Dury 的老庄主）的父亲是兄弟，但是每个人都有自己的道路吧……

戴了一顶可爱的尖头绒线帽子，浑身充满活力的 Magali Coche 出来迎接我们，三言两语告诉了我们这个坏消息：她的丈夫 Fabien 一早就带着狗子下地去了。所以我们既见不到 Fabien，也见不到他家在 Instagram 上很帅的狗狗啦？

2005
2005
2005
COCHE-BIZOUARD
COCHE-BIZOUARD
MEURSAULT CO.

还没等我们表达惋惜，Magali 就拿了一大串沉重的铁钥匙，哗啷啷打开酒窖的门，带着我们走下去品酒。下到酒窖的瞬间，我们仿佛穿越了时光隧道，这个黑黢黢的、吊灯和老酒酒瓶上闪烁着蜘蛛网的古老酒窖，似乎还停留在中世纪。一侧的品酒吧台上摆着数瓶用白粉笔写着酒名的酒样，另一侧沿墙堆满了不同年份的老酒，足以令人眼红耳热。可惜 Magali 表示，这些老酒只供自家家族成员享用，无意外售。

我们由低往高地品尝了一些 2018 年份酒，开头的几款大区酒和村级酒清瘦而高酸，略显严肃，直到默尔索 Les Chevalières 村级酒出现，令人精神为之一振。Magali 拿着地图告诉我们，Les Chevalières 位于默尔索村黏土层薄的坡地上，海拔几乎与一级园持平。这款村级酒纯净而富于花香，中段饱满，有着迷人的深度，堪比一级园水准。

Meursault "Les Charmes" 来自一片超过 100 年的老藤一级园，仅有 0.3 公顷，就在普利尼 - 蒙哈榭边上，1945 年起不间断地更新葡萄藤，出品的酒总是丝滑、圆润、诱人，有着精致的果皮气息和精细的层次感，既纯净又有深度。

Meursault "Gouttes D'Or" 来自只有 0.22 公顷的一级园——Gouttes D'Or（金滴园）。该园位于海拔 250 米的山坡上，土质以厚黏土层和钙质石灰土为主，是默尔索村北面的第一块一级园，葡萄藤龄超过 80 年。出品的酒有着高贵的花香和精细的矿物感，极其年轻，需要时间才能绽放。

总之 Fabien Coche 所有的酒都纯净、线性，有着勃艮第白葡萄酒爱好者为之着迷的矿物味，虽然眼下尝起来有点封闭。

我们听说 Fabien 的父亲 Alain Coche 率先让酒在酒窖中带酒泥陈酿两个冬天，酿造出教科书般的默尔索。1998 年，Fabien 开始和父亲工作，2005 年全面接手酿酒。Fabien 和妻子 Bouillot 家族的结合，把葡萄园从父亲时代的 9 公顷扩大到了 12 公顷，包括默尔索、蒙蝶利（Monthélie）、波玛、欧克塞－迪雷斯、圣罗曼、圣托班和普利尼－蒙哈榭。

酒庄从 1998 年就开始进行有机种植，20 年后转向生物动力法。葡萄园中 60% 以上的葡萄藤藤龄超过 60 年。据说 Fabien 把大量时间花在田里（所以访客如我们见不着他）。

比起父亲的时代，Fabien 也减少了新橡木桶的比例，旧的大木桶和勃艮第桶并用，酿造出更新鲜、精准和有现代感的酒，William Kelley 再次不惜溢美之词："这些不是浮夸炫技的酒，不是默尔索那些被戏剧化追逐的酒，但是在酒窖里耐心收藏的买家会获得回报。"

既然酒庄拒绝出售老酒，我们最好是买回家慢慢陈年。Magali 友情提示我们：Fabien Coche 的酒在 3—5 年内可以达到新鲜的适饮期，随后其发展会缓慢下来，等待 10—15 年，就会演化出丰富的陈年香气。比如，现在市面可见的 2017 年份，最近的最佳饮用期为 2020—2022 年。

“当然年份和酒款不同，也不能一概而论啦。”她补充道。

传统名庄

Domaine Coche-Dury

独一无二的风格，勃艮第白葡萄酒大师

默尔索村的风土大家、一手打造了这个顶级膜拜酒庄的Jean-François Coche为人神秘低调，只有在少数葡萄酒庆祝场合才见得到他，即使是酒庄重要的大客户约见，他的回答也一成不变："等我晚上从葡萄园回来才行。"连著名酒评家Jancis Robinson MW都说，在他儿子Raphaël Coche接手酒庄后，还好约一点……

20世纪20年代，Jean-François的祖父Léon Coche就创建了酒庄，Jean-François从14岁开始跟随父亲在家族酒庄工作。1975年他和Odile Dury结婚，为家族带来新的产业，Domaine Coche-Dury就此诞生。2010年Jean-François正式退休，由他的儿子Raphaël和妻子Charline共同打理酒庄。

酒庄位于默尔索村，被村级葡萄园环绕着。葡萄园分布在 6 个村庄：默尔索、普利尼 – 蒙哈榭、欧克塞 – 迪雷斯、蒙蝶利、波玛和沃内，包括了 0.34 公顷科尔登 – 查理曼特级园、0.6 公顷默尔索一级园 Les Perrières、0.21 公顷默尔索一级园 Les Genevrières 等。

葡萄园产量很低，既源于老藤和高密度种植，也源于严格的剪枝，Coche-Dury 认为，等到绿色采收就晚了。美国著名酒商 Dixon Brooke 说："Coche-Dury 的葡萄园就像花园，每一株葡萄藤都非常干净，没有杂草，甚至多石的表层土都被打理得非常完美。""Coche 家族是每天都会在葡萄园从早忙到晚的酒农，这就是他们酒好的秘诀。"

酒庄的酿造方式一向传统。Raphaël 引入了**气囊压榨机**，和垂直压榨机并行不悖。

将葡萄充分破碎后进行压榨，发酵和陈酿都在橡木桶中进行，近几年酒庄逐渐减少了新桶的比例，非顶级酒款低于 25%。乳酸发酵自然发生，从酒精发酵后立刻开始到一年以后不等。陈酿期间频繁搅桶，这带给 Coche-Dury 酒标志性的肥腴饱满的酒体。顶级酒在橡木桶中陈酿 22 个月，轻微澄清而不过滤。

尽管以霞多丽闻名于世，酒庄也酿造红葡萄酒，不除梗，轻柔萃取，酿制时间相对短，量少质优，价格相对合理。Jasper Morris MW 认为 Coche-Dury 的红酒“在餐厅里是不贵的好选择”。

极低的产量加上精准的酿酒技艺，赋予了 Coche-Dury 的酒无与伦比的集中度和独特的风格——饱满，但不厚腻，浓郁果香被清脆的酸度平衡，极富陈年潜力。酒庄的 Meursault Les Perrières 应该是勃艮第最贵的一级园酒之一了。Les Perrières 正在普利尼村北面，使这款酒兼具普利尼 - 蒙哈榭的风采。科尔登 - 查理曼特级园酒质量可比康帝酒庄和 Domaine Leflaive 的蒙哈榭白葡萄酒，堪称完美之作。

Domaine des Comtes Lafon
贵族气质的酒，平衡与优雅的典范

1869 年由 Boch 家族建起了庄园和地下酒窖——Domaine des Comtes Lafon 可能拥有整个勃艮第最深最冷的酒窖，在这个酒窖里诞生了被 Jasper Morris MW 誉为“极具深度和复杂度，又十分平衡”，“红和白都是一流”的葡萄酒。

1894 年，Jules Lafon 和 Marie Boch 结婚，在默尔索和沃内买

下了一些一级园，创立了 Domaine des Comtes Lafon。Jules 作为默尔索市长，组织每年采收后的盛大庆祝宴会和狂欢，后来成为一项传统，亦即今日大名鼎鼎的 La Paulée de Meursault。

Jules 的孙子 René Lafon 重新种植了葡萄园，混合采用老藤扦插（精英筛选法）和克隆葡萄。1961 年起所有的酒在酒庄装瓶。

1985 年，Dominique Lafon 从父亲 René 手里接过酒庄，不仅将 Domaine des Comtes Lafon 提升到勃艮第名庄的地位，还在很多方面是勃艮第著名的形象大使。葡萄园从 1992 年起停止用除草剂，1995 年获得有机认证，进而将全部 13.8 公顷葡萄园转向生物动力法，1998 年获得了认证。作为产区先锋，Dominique 带动了很多其他酒庄停止使用化学品。

Dominique Lafon 在管理这个贵族气质的酒庄的同时，还在美国酿酒，也将金丘的酿酒方式带到马孔（Mâcon）——一个性价比更高的产区，创建了 Les Héritiers du Comte Lafon。Jancis Robinson MW 说他像个"米其林三星主厨"，对于维持酒庄声誉负有巨大的责任感。

酒庄现有 16 公顷葡萄园，霞多丽分布在默尔索和夏瑟尼 - 蒙哈榭，黑皮诺分布在沃内和蒙蝶利。只拥有一个特级园，但却是最著名的蒙哈榭，在默尔索还有不少一级园。

酒庄将收获的白葡萄整串缓慢压榨，大约要花费3个小时，以轻柔的方式萃取葡萄汁。接着在不锈钢罐中以12°C低温静置澄清24小时后，进入橡木桶中，自然启动发酵，不用任何人工酵母。因为酒窖温度极低，发酵缓慢，时间持续1—3个月不等。村级酒只用旧桶，一级园酒Les Charmes和Les Perrières最多70%新桶，只有特级园蒙哈榭用100%新桶。酿成的酒集中、美味，富于深度。

收获的红葡萄100%去梗、不破碎——Dominique认为果梗会给葡萄酒带来生青味，而整粒缓慢发酵对于单宁的萃取更轻柔。在不锈钢罐中以14°C低温浸渍3—5天后，在大木桶中自行启动发酵，每天压皮两次。酒精发酵结束后的后浸渍取决于单宁表现。随后放入橡木桶中陈酿，新桶的使用比例不超过1/3。装瓶前尽量不过滤不澄清，酿成酒体柔和、单宁圆润的优雅风格红葡萄酒。

红白葡萄酒的陈酿时间都在18—22个月，是勃艮第装瓶最晚的酒庄之一。

Domaine Jacques Prieur

豪华特级园阵容，令人赞叹的蒙哈榭

19 世纪末 20 世纪初，根瘤蚜虫病席卷勃艮第后，酒商 Claude Duvergey 趁机购入上好的葡萄园。他妻子 Marie 的侄女则与来自博讷丘望族的 Henri Prieur 联姻，获得了这些丰厚的资产。1956 年，他们的继承人 Jacques Prieur 将酒庄更名为 Domaine Jacques Prieur，他也是 La Paulée de Meursault 的创始人之一。

此后多年，酒庄都在缓慢而可见地衰退，只重数量不重质量。直到 20 世纪 80 年代末期，酒商 Antonin Rodet 接手管理，聘用了酿酒师 Nadine Gublin，为酒庄带来质量的复兴。Nadine 更在 1997 年当选 *La Revue du vin de France*（简称 RVF，《法国葡萄酒评论》杂志）“年度酿酒师”。

如今酒庄的 70% 属于 Labruyère 家族，30% 属于 Prieur 家族。现任管理者是为人低调的 Edouard Labruyère。

酒庄现有 22 公顷葡萄园，1/3 为 9 个特级园：蒙哈榭、骑士－蒙哈榭、科尔登－查理曼、科尔登－布雷桑（Corton-Bressandes）、埃雪索、伏旧园、慕西尼、香贝丹和香贝丹－贝日园，是勃艮第唯一在 5 个产区拥有顶级特级园的酒庄。此外值得一提的是，历史上属于蒙哈榭、地理位置位于骑士－蒙哈榭的超一级园 Dent de Chien，种植密度高达 14000 株 / 公顷，是酒庄的骄傲。种植方式采用合理防御，土壤翻整采用机械，不使用化学制剂。

葡萄采摘后，要经过两道分选。黑皮诺多 100% 去梗，也有部分葡萄园和年份带一些梗。陈酿在橡木桶中进行，包括 228 升的小桶和 2500—3500 升的大桶。特级园酒使用 50%—80% 的新桶，一级园用 30% 的新桶。陈酿时间大概在 20 个月。

Jacques Prieur 酒风馥郁、饱满、集中，富于现代感。

Domaine Roulot

精雕细琢的酒，默尔索的风土代言人

Jean-Marc Roulot 1989 年从巴黎回到默尔索村，接手了这个 1820 年就创建的家族酒庄，全面转向有机种植，并将葡萄园的面积从 11 公顷扩大到 13.5 公顷。Jean-Marc 是默尔索村的风土大师，反对不同风土的混合，率先采用了单一园装瓶。

在葡萄生长季，Jean-Marc 认为早期的剪枝可以避免后面的绿色采收。他的目标是传达完美的果香，所以葡萄采摘宁可提前

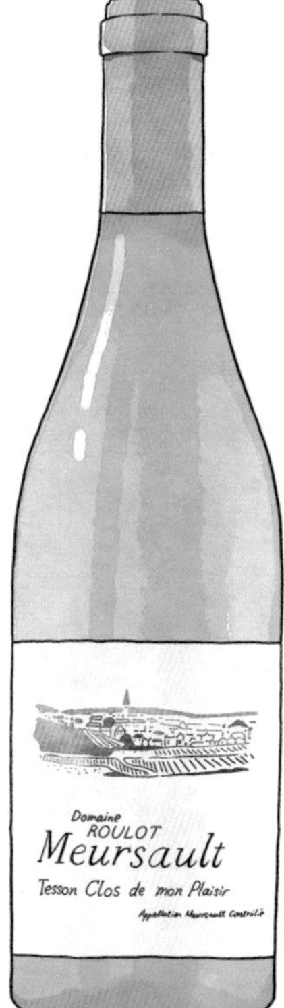
Domaine
ROULOT
Meursault
Tesson Clos de mon Plaisir

一两天也不愿推迟一两天。

Jean-Marc 的酿酒哲学是：酿造自己愿意喝，而不是迎合某些酒评家喜好的酒。除了大区酒 Bourgogne Aligoté（阿里高特，勃艮第法定白葡萄品种）在不锈钢桶中陈酿一年后装瓶，所有干白都要先在橡木桶中陈酿 11 个月，再在不锈钢桶中陈酿 7 个月，历经 18 个月后才装瓶，陈酿期间尽量少搅桶，新桶比例低，依据等级新桶比例在 10%—30%，以酿造纯净而充满活力的风土酒。

Jean-Marc 认为自己与父亲最大的两个区别，一是转向有机种植；二是将陈酿时间从 11 个月延长到 18 个月。他认为长时间陈酿让他省去了搅桶的步骤，酒泥和葡萄酒的融合更自然，口感更丝滑，在不锈钢桶中进行二次陈酿赋予葡萄酒紧致活泼的口感，最终延长了葡萄酒的陈年潜力。

Roulot 的酒以卓越的纯净度闻名，Jean-Marc 打造的明快、精雕细琢而纯正的默尔索酒使酒庄的地位一再提升。Jean-Marc 认为，Roulot 的酒强烈的矿物感和清新的酸度非常适合配餐，这也就是为什么人们在餐厅遇到 Roulot 的概率远大于在葡萄酒铺子。

实力名家

Domaine Arnaud Ente

超级明星，大区酒酿出了特级园水准

“可能是勃艮第最闪耀的上升之星。立于潮流尖端的 Arnaud 的酒介于丰富、慷慨、享乐主义的 Dominique Lafon 和纤细、精准、矿物、柑橘风味的 Coche–Dury 之间。” Jasper Morris MW 说。

Ente 家族源于法国北方。Arnaud Ente 的父亲与普利尼的酒农 Camille David 的女儿结婚，并开始在勃艮第生活。Arnaud 步父亲后尘，在 Domaine Coche–Dury 酿酒期间，认识了默尔索酒农的女儿 Marie–Odile Thévenot 并结婚，1992 年定居默尔索，从管理岳父 Philippe Thévenot 的葡萄园开始，逐步创建了自己的酒庄。

20 世纪 90 年代，Arnaud 的酒以丰裕之风引起世人瞩目，这是由于他偏好迟摘，让葡萄获得最高成熟度。2000 年后，他的酒呈现出更复杂、酸度自然的风格，矿物的表现也加强了，因为采收时间提前了。

酒庄仅有 4 公顷多的葡萄园，没有特级园，一级园分成了 10 个地块，主要在默尔索，也有一些在普利尼。在葡萄园工作的只有 4 个人：Arnaud、Marie-Odile 以及两名雇员。Arnaud 拥有最大的葡萄园是默尔索的 En l' Ormeau，他用它酿造 3 款霞多丽酒：Meursault AOC、Meursault "Clos des Ambres"（50 年藤）和 Meursault "La Sève du Clos"——19 世纪末根瘤蚜虫灾难刚刚结束后种下的百年老藤版。在默尔索酿造的还有 Meursault 1er Cru "Gouttes D'Or"，在普利尼酿造的则有 Puligny-Montrachet 1er Cru "Les Referts"。此外，酒庄还有一款勃艮第大区酒 Bourgogne Grand Ordinaire，使用的是 1938 年种植的老藤佳美葡萄，一款 Volnay 1er Cru "Les Santenots du Milieu" 使用黑皮诺。

Arnaud 在酒窖里和在葡萄园里一样一丝不苟，600 升的大木桶用于 Bourgogne Aligoté（大区级阿里高特）、Bourgogne Chardonnay（大区级霞多丽）和部分默尔索村酒，更高级别的酒用橡木桶发酵和陈酿一年。顶级酒款的新桶比例从 35% 降到 20%，用不同类型的橡木桶陈酿以增加复杂度。

收获的白葡萄压榨前通常破碎（也有例外），发酵后静置 24 小时，澄清酒汁和精细酒泥一起进入橡木桶陈酿 11 个月，然后在不锈钢罐再陈酿 6 个月，装瓶前不过滤不澄清。2018 年起 Arnaud 开始进行不过木桶的新实验，效果令人期待。

Domaine Arnaud Ente 的产量之低，曾经有邻居开玩笑说，不知道他怎么能赚钱糊口。不过，自从 2012 年入选《贝丹 & 德梭指南》的“年度人物”、贝丹称赞其 Bourgogne Aligoté 有“特级园酒的水准”后，Arnaud Ente 名气持续上升，酒价也一飞冲天……赚钱糊口早就不是一个问题了。

Domaine Pierre Morey
生物动力法大师，葡萄园里的哲学家

1971 年，Pierre Morey 创建了自己的酒庄，1988—2008 年，他为 Domaine Leflaive 管理葡萄园和酿酒，后一个角色无疑令他更为出名。

Morey 家族从 1793 年就在默尔索种植葡萄和酿酒。Pierre 的父亲 Auguste 曾经租用 Domaine des Comtes Lafon 的葡萄园并分享收成，直到 20 世纪 80 年代，Lafon 决定收回出租的葡萄园自己酿酒。为了弥补减少的葡萄园，1992 年 Pierre 创建了酒商公司 Morey Blanc，向有声望的葡萄农收购葡萄，在 Domaine Pierre Morey 的酒窖酿造。

酒庄自有 11 公顷葡萄园，分布在默尔索、蒙蝶利、波玛和普利尼，最珍贵的特级园是巴塔－蒙哈榭，0.5 公顷的一级园 Les Perrières 也有准特级园的声誉。

从 1991 年开始，Pierre 与 Anne-Claude Leflaive 共同努力，把他自己的酒庄和 Leflaive 都转向生物动力法运作，Pierre 与 Anne-Claude 并称为“生物动力法双雄”。

Pierre 像个哲学家，温和、深思熟虑，虽然在勃艮第酿酒多年而且十分成功，说起这里的风土仍很谦虚。他极为重视采收时机，除了 Bourgogne Aligoté 在大木桶陈酿，所有酒都在小橡木桶中陈酿，新桶比例不高，村级酒 20%—25%，一级园和特级园 30%—50%。

Domaine Henri Germain

古典主义酒风，匠人精神的美酒

Allen Meadows 对这家酒庄不吝赞美：“他家的酒好到令人无

法忽略，酒风十分古典……”

1973 年，Henri Germain 离开家族酒庄 Château de Chorey-lès-Beaune 自立门户。现在酒庄由 Henri 的儿子 Jean-François 管理。

酒庄现有 8 公顷葡萄园，红葡萄 2 公顷，白葡萄 6 公顷，全部采用有机种植。红葡萄酒有 Bourgogne、Beaune Bressandes 和一款 Meursault “Clos des Mouches”——来自一个 0.5 公顷的村级老藤独占园。

无论红白葡萄酒，酿造方式都很传统，在酒窖尽可能减少人工干预，只用野生酵母发酵，不搅桶。寒冷的酒窖让发酵缓慢而持久，乳酸发酵总是较晚发生，过程持续 3—12 个月。新橡木桶的比例低，最多不超过 25%。

酿成的默尔索口感直接，收尾带有咸感；夏瑟尼 - 蒙哈榭更圆润，更紧实，收尾浓郁。新年份容易还原，需要在酒窖里再储存一段时间，不太适合过早饮用。

《贝丹 & 德梭指南》认为，“这家出色的充满匠人精神的酒庄擅于酿造紧致、充满风土特点的白葡萄酒，所有的白葡萄酒陈年后趋于完美”。

上升新星

Domaine Vincent Girardin

风土佳酿，值得关注的新星

这家年轻的酒庄被《贝丹 & 德梭指南》2019 版评为四星酒庄（最高五星），评语包括："酒庄全面转向生物动力法后，葡萄酒的风格更加精细。""每款酒都符合我们对酿制这款酒的风土的期待。"

1982 年，桑特内村的 Jean Girardin 把他的产业平分给四个孩子，18 岁的 Vincent 分到了 3 公顷，同时购买和租用其他的葡萄园酿酒。1994 年他结婚后搬到默尔索，开始了酒商生意，用盈利购入更多葡萄园，包括 Domaine Henri Clerc 的产业。

如今酒庄的葡萄园达到 22 公顷，特级园包括科尔登 – 查理曼、科尔登、比沃尼 – 巴塔 – 蒙哈榭、巴塔 – 蒙哈榭和骑士 – 蒙哈榭。2008 年全部葡萄园转向生物动力法，2009 年获得认证。Vincent

的大部分精力从酒商生意转向酒庄。

白葡萄早采以保持天然酸度，压榨前破碎，以野生酵母自然启动发酵，不过度搅桶，新桶比例降低，一级园和特级园酒仅有25% 新桶，夏天进入旧的大木桶陈酿。

红葡萄尽量带梗酿造，酿造中尽量少干预，以野生酵母缓慢发酵，通常持续 3 周，完全不压皮。

酒庄的红葡萄酒质量优异，纯净，单宁丝滑，不过白葡萄酒成就了其声名，年轻时就易饮，高端款陈放 5 年更佳。

Domaine Henri Boillot
出品丰富，酒商酒和酒庄酒都优秀

1996 年，Henri Boillot 在默尔索创建了自己的酒商公司，只从最好的葡萄农处收购葡萄，只做白葡萄酒。2005 年，Henri 从父亲手中买下了 1885 年创建的 Domaine Jean Boillot，从此所有的酒都以“Henri Boillot”的名义装瓶。2006 年，Henri 的儿子 Guillaume Boillot 加入酒庄工作，他是家族的第六代传人，负责酿造红葡萄酒。

酒庄拥有约 15 公顷的葡萄园，包含了勃艮第最优异的一些风土，大部分是一级园和特级园，分布于普利尼－蒙哈榭、默尔索、博讷、波玛、沃内，包括传奇一级独占园 Clos de la Mouchère，特级园巴塔－蒙哈榭和伏旧园。

葡萄园采用有机种植，禁止使用除草剂，严格控制产量，达到完美成熟。

酿造过程尽量少干预，为了防止氧化，只用一点天然硫化物。白葡萄酒在 350 升的法国橡木桶中陈酿 18 个月，红葡萄酒在 228 升的橡木桶中陈酿 18 个月。

优雅、丰富而和谐的特级园酒迅速为 Henri Boillot 建立了名望。酒庄酒有 11 款，酒商酒有 13 款白葡萄酒和 6 款红葡萄酒，出品相当丰富，由于同样精心对待，酒商酒的品质不输于酒庄酒。

独占园酒 Puligny-Montrachet 1er Cru“Clos de la Mouchère”是酒庄签名作，被酒评家认为品质堪比特级园而性价比极高。

勃艮第也好吃1：日本人在勃艮第

因为这次停留时间长，不想天天那么拘束地住在酒店，我们在博讷老城边上租了个老房子，从火车站步行15分钟就到了。摸出房东留在信箱里的钥匙，推门走进这栋由19世纪酿酒作坊改造而成的石头房子，我们觉得自己选对了地方——院子里铺满了碎石子，下雨天须打着伞穿过紫藤环绕的露天长廊，在客厅推开新艺术风格的卷曲木格玻璃门，直通后院的大草坪和一个石灰岩搭建的泳池——我们俨然成为在勃艮第拥有后花园和游泳池的人啦。

一个常居勃艮第的酒商朋友，不但精通勃艮第酒，对吃喝也很在行，说要带我们去一家他私藏的餐厅，但是："绝对要保密，不可以发到微信朋友圈！"

沿着贯穿勃艮第的D974公路往南开十几分钟，就到了默尔索的 La Goutte d'Or 餐厅。餐厅设计简单而高雅，日裔女主人亲切地过来打招呼，令人瞬间放松下来。

坐下来翻开酒单第一页，我们就知道为什么不能发朋友圈了。Coche-Dury 的大区酒：85 欧；Roulot Meursault Luchet：100 欧出头；Bizot Bourgogne la Chapitre（大区级夏比特）：250 欧……这些炙手可热的名家之作几乎只有市场价格的 50%。还有产量极少、一瓶难寻的 Hubert Lamy Puligny-Montrachet les Tremblots Haute Densité。如果游客蜂拥而至，这个价格恐怕就保不住了。

菜式呢，法国主厨和日本太太的组合，呈现出时下法餐最流行的风格——坚实法餐功底与轻盈日式风味的混搭，毫不刻意，信手拈来。自制法式酥皮猪肉派肥美香浓，与肉铺里切片贩卖的肉派相比，有更多肉冻和现烤的多汁蘑菇馅；传统的卷心菜裹肉馅浸润了昆布高汤的鲜美，躺在一团柔软的土豆泥上面，肉馅鲜嫩到一口就滑进了喉咙里面，大家只来得及互相对视一眼猛点头表示好吃。

法兰西与东瀛两个民族的相互仰慕大概从葛饰北斋的时代就已开始，眼下据说巴黎每一家顶级法餐厅后厨一定有一位日本人。2020 版法国米其林指南发布，日本主厨小林圭（Kobayashi Kei）勇夺米其林三星，成为法国餐饮界第一个打破玻璃天花板的外国人。

从 10 年前罗讷河谷埃米塔日产区（Hermitage）的餐厅 Le Mangevins，到巴黎五区新晋的米其林三星餐厅 KEI，再到勃艮第默尔索的 La Goutte d'Or，似乎深受日餐影响的法餐已经要取代北欧风格引领餐饮潮流了。

不同的是，去日本主厨开在巴黎的星级法餐厅，是有礼仪压力的，面对佩戴 MIKIMOTO 珍珠项链的女侍者，你总要努力坐得更端正。而在勃艮第乡下同样精致美味的日系法餐厅，气氛温馨随意。谁不是下了一天的地、干了一天的活儿后才来用餐的？日本女主人忙不过来的时候，法国主厨也会默默给客人上菜。一个可爱的混血小女孩不时端着盘子进出厨房，令人有点好奇主厨的女儿在吃什么。

在博讷老城随意溜达，我们发现，即使不出城也有机会享受日本主厨的好手艺。Bissoh 餐厅，常驻法国的友人也向我推荐过，日本老板和老板娘专注于用法国食材制作地道的日餐。我们用在巴黎一个简单午餐的价格享受到了一顿丰盛晚餐——手握寿司、天妇罗和照烧汁大葱配煎鸭胸。酒单也亮点多多——配额一瓶难寻的德国膜拜庄 Keller 的 Pettenthal 雷司令，小农香槟大神 Anselme Selosse 的儿子 Guillaume Selosse 出品的 Largilier 特酿……但喝不喝得到这些好东西也有运气的成分。我们想点一瓶 120 欧的 Fourrier Gevrey-Chambertin 1er Cru Cherbaudes，就被告知卖完了——也不知道是真卖完了，还是好东西要留给熟客。

记得上次见到 Bissoh 餐厅两位主人的身影，是在 Anselme Selosse 于自家酒窖举办的年度大派对上。Dom Pérignon（唐培里侬香槟）的前任总酿酒师 Richard Geoffroy 和 Keller 的新任酿酒师 Julien Teichmann 都带着超大瓶装的酒现身了（现在回想起来，就知道餐厅的稀有配额是怎么来的了）。在各个产区顶级酒农聚会香槟的场合，由来自勃艮第的日本主厨承办美食服务（Catering）——这样有趣的混搭，似乎给我们这个越来越分裂的世界带来了一丝光明和温暖。

des
Conis

Restaurant La Goutte d'Or

地址：37 rue Charles Giraud, Meursault 21190

Bissoh

地址：42 rue Maufoux, 21200, Beaune 21200

CHASSAGNE-MONTRACHET
夏 瑟 尼 新 旧 交 替

CHASSAGNE-MONTRACHET
夏瑟尼－蒙哈榭

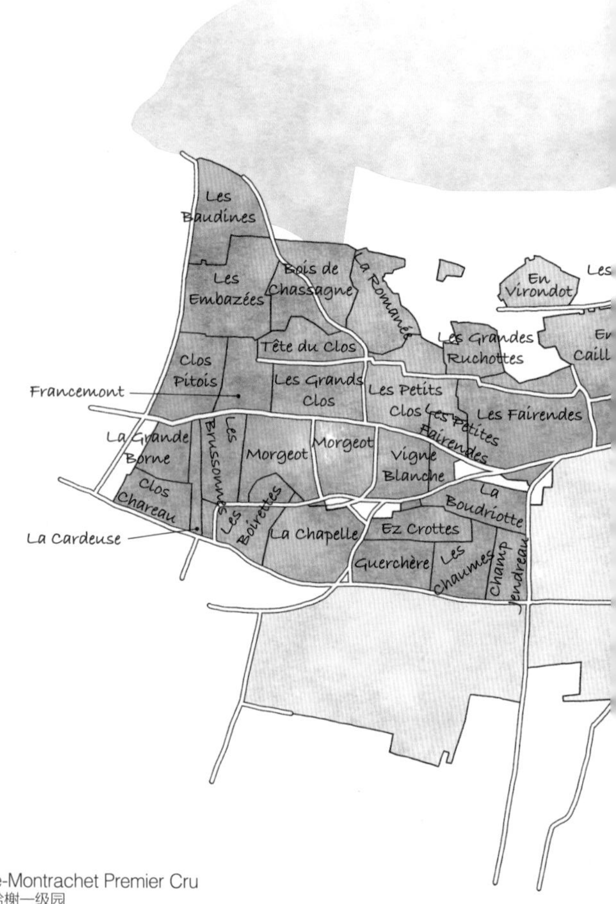

Grand Cru
特级园

Chassagne-Montrachet Premier Cru
夏瑟尼－蒙哈榭一级园

Chassagne-Montrachet
夏瑟尼－蒙哈榭村级

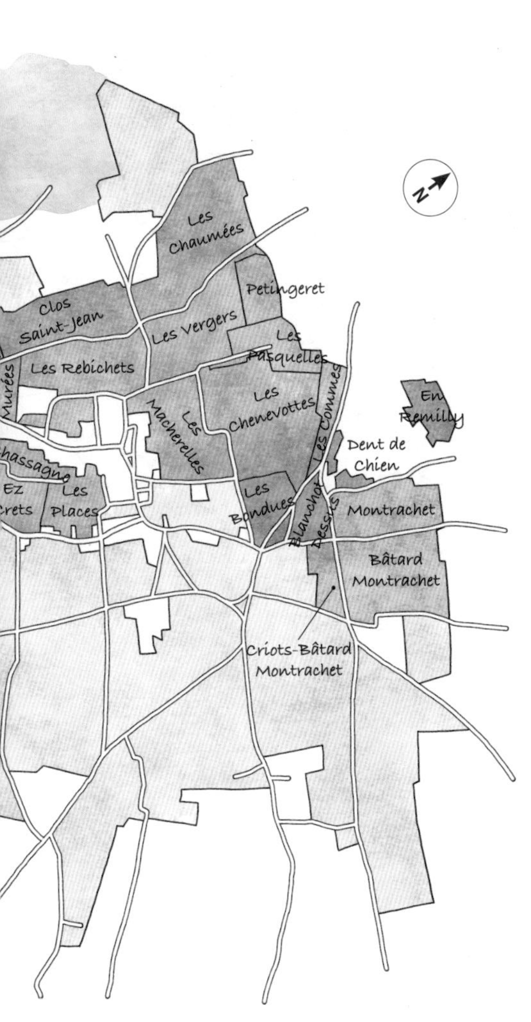
N
Les Chaumées
Petingeret
Clos Saint-Jean
Les Vergers
Les Pasquelles
Les Rebichets
Murées
Les Chenevottes
Les Commes
En Remilly
Les Macherelles
Dent de Chien
Ez
Les Places
Les Bondues
Blanchot Dessus
Montrachet
Bâtard Montrachet
Criots-Bâtard Montrachet

PULIGNY-MONTRACHET
普利尼 - 蒙哈榭

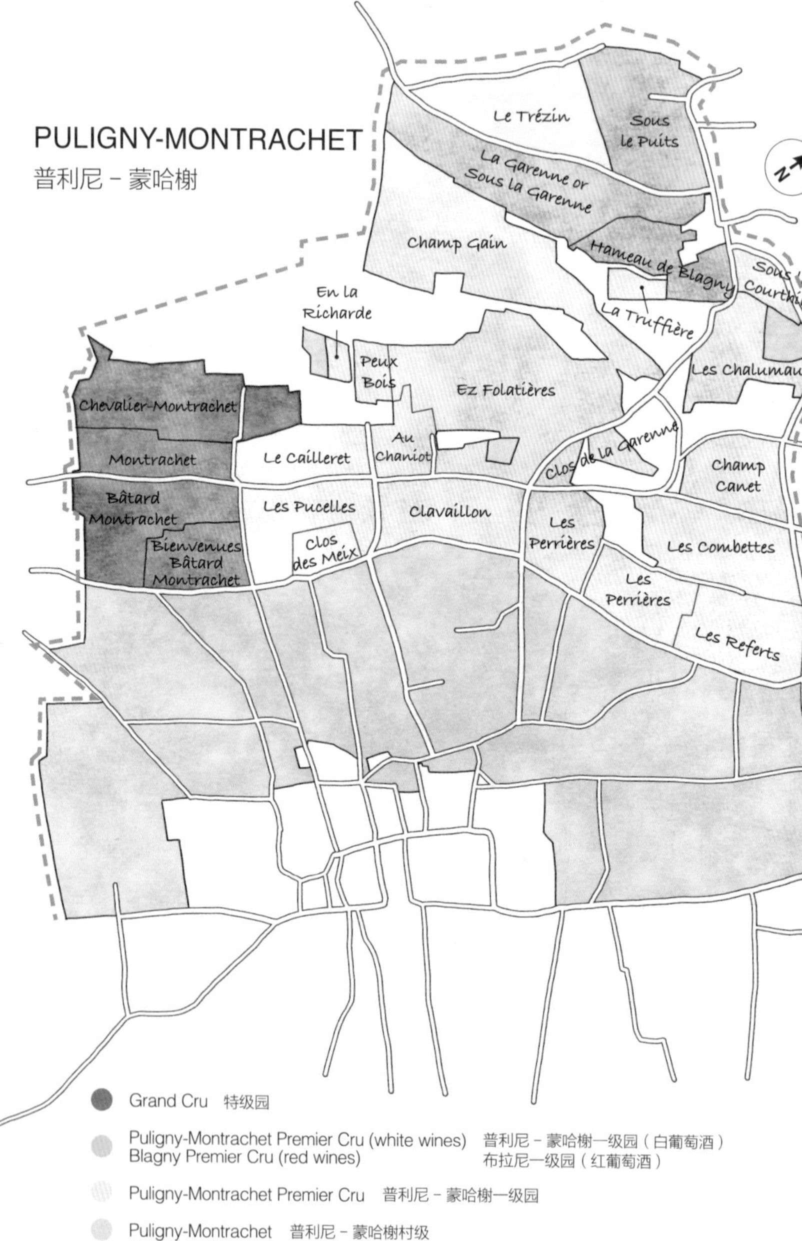

- Grand Cru 特级园
- Puligny-Montrachet Premier Cru (white wines) 普利尼 - 蒙哈榭一级园（白葡萄酒）
  Blagny Premier Cru (red wines) 布拉尼一级园（红葡萄酒）
- Puligny-Montrachet Premier Cru 普利尼 - 蒙哈榭一级园
- Puligny-Montrachet 普利尼 - 蒙哈榭村级
- Puligny-Montrachet (white wines) 普利尼 - 蒙哈榭村级（白葡萄酒）
  Blagny (red wines) 布拉尼村级（红葡萄酒）

蒙－哈－榭（Mont-ra-chet）——是不是连发音都很梦幻、贵气?

你很难想象这个拥有全世界最昂贵干白葡萄酒（Domaine Leflaive 的蒙哈榭）的村子，传统上却是一个红葡萄酒产区，在 20 世纪 30 年代，仅有 20%—25% 的葡萄园种植霞多丽。虽然现代消费者一想到夏瑟尼－蒙哈榭就想到霞多丽，但在夏瑟尼村传统名庄的年轻继任者心中，依旧藏着一个黑皮诺情结。比如，Thierry Pillot 和 Alex Moreau 就是如此，虽然看起来 Thierry 很叛逆而 Alex 挺传统。

Domaine Paul Pillot 传到 Thierry Pillot 已经是第四代。1900 年，橡木桶制造师 Jean-Baptiste Pillot 决定转向酿酒，创建了酒庄。一战后，他的两个儿子 Alphonse 和 Henri 接手了酒庄，大量购入葡萄园并开始自己装瓶。1968 年，酒庄传给 Henri 的儿子 Paul，他买下了传奇的夏瑟尼一级园：Clos Saint-Jean、Les Grandes Ruchottes、Les Caillerets 和 La Grande Montagne，以及圣托班的一级园 Les Charmois。

如今酒庄的 13 公顷葡萄园，其中有 4.5 公顷是黑皮诺。Thierry 是 Paul 的儿子，1999 年加入酒庄，2004 年全面接手。在葡萄园里他精心采用有机种植，葡萄得以较早成熟，尽早采收。在酒窖里他是个极少干预主义者，白葡萄去梗后缓慢压榨，只用野生酵母发酵，不搅桶，减少新橡木桶比例，很少超过 20% 新桶，而且混合使用 228 升、350 升和旧的大木桶。

酒评家们同意，是 Thierry 把家族酒庄推到了夏瑟尼一线之列，也为夏瑟尼村带来一股清新空气。

Thierry 高而瘦削，一身黑衣，一绺头发几乎垂到眼睛上，见面就直率地表示不喜欢记者，因为有些记者不专业又乱写。哈哈，如果我们没有在法国权威葡萄酒杂志 RVF 多年的工作经验，很可能要被拒之门外呢。

“2019 年我们遭遇了可怕的黑色霜冻，损失了一半产量。接近采收时潜在酒精度已经达到 14 度，而葡萄梗还是绿的。”——糖分达标了而酚类物质没成熟，是很难酿出酒体平衡的好酒的。

难怪一说起全球暖化和极端天气，Thierry 就忧心忡忡。他这一代年轻人遇到的问题，是其父辈很少或从未遇到过的。

我们先白后红品尝了很多酒款，所有的霞多丽都纯净、精准，充满矿物感而又能量十足，几乎令人想起隔壁的普利尼——一个比夏瑟尼更以矿物感闻名于世的村子。

毫无意外，他的红葡萄酒也纯净美味。2018 年份他尝试 16% 带梗，2019 年几乎全部带梗。

如果说 Paul Pillot 的酒是纯净而矿物的，那么 Domaine Bernard Moreau et Fils 的酒就是经典而沉稳的。1809 年，Auguste Moreau 在 Champ Gain 一级园边上打造了一个酒窖，同时酿造霞多丽和黑皮诺。20 世纪 30 年代，Marcel Moreau 扩展了葡萄园，现有葡萄园的 80% 都是那时购入的。20 世纪 60 年代早期，年仅 14 岁的 Bernard Moreau 接手了酒庄，20 世纪 70 年代成功建立起酒庄声誉。葡萄园扩大到了 14 公顷，包括了骑士 - 蒙哈榭特级园和 6 个一级园。

Bernard 的两个儿子 Alex 和 Benoît 在新西兰、澳大利亚、南非工作了一圈后，回来加入酒庄，Benoît 管理葡萄园，Alex 主管酿酒。这解释了为什么 Alex 说得一口流利的英语。不过他似乎天性谦和寡言，只是默默地打开酒窖之门，带我们层层深入这个家族在不同历史时期建造的地下酒窖——它们紧紧连在一起，记录着家族世世代代的勤勉和努力。

酒庄现有近 15 公顷葡萄园，主要在夏瑟尼村，70% 为霞多丽，30% 为黑皮诺。葡萄园采用有机和生物动力法管理，只用有机肥料，翻土，以严格剪枝控制产量，平均年产量 3000—3500 升 / 公顷。Alex 想要酿造“成熟而不过熟，易于消受”的葡萄酒，2015、2017、2018 几个年份都是 8 月就开始采收的。

采收的白葡萄用气囊压榨机轻柔、缓慢压榨，浸皮一晚，然后靠野生酵母自动启动发酵。其间极少搅桶，不倒桶，尽量保持发酵产生的二氧化碳。白葡萄酒只有特级园骑士－蒙哈榭和巴塔－蒙哈榭用轻到中度烘烤的 100% 新橡木桶陈酿，大多数一级园酒用 30% 新桶，村级酒用 25% 新桶。从 2004 年开始，所有一级园和特级园酒要在酒窖里经历两个冬天。

这些白葡萄酒在酒窖里尝起来略显收敛，逐渐饱满起来的中段和余味的复杂度喻示着它们的远大前程。相比之下，红葡萄酒是一上来就能紧紧抓住你的，这些夏瑟尼村级和沃内一级园红葡萄酒立刻出卖了 Alex 对于酿造黑皮诺的才能和热情。

“传统上，夏瑟尼每家酒庄都酿造红葡萄酒，20 世纪 70 年代前曾经有过 2/3 黑皮诺，1/3 霞多丽的历史时期。”Alex 念叨着，同时在我们的逼问下，很快招认他亦十分喜爱北隆的西拉和意大利巴罗洛（Barolo）。

Thierry 和 Alex 这样的新生代酿酒师证实了夏瑟尼也有黑皮诺的好风土，他们不约而同的努力带来了黑皮诺在夏瑟尼的复兴。

传统名庄

Domaine Ramonet

伟大的蒙哈榭，值得信赖的名园诠释者

在夏瑟尼，Domaine Ramonet 以超凡的稳定性和完美度著称，从村级到特级园，任何级别的酒都精彩。

1934 年，Pierre Ramonet 购入了第一片葡萄园——夏瑟尼一级名园 Les Ruchottes。他的第一个年份就引来不少关注。20 世纪 50 年代，Pierre 获得了两块珍贵的特级园巴塔 - 蒙哈榭和比沃尼 - 巴塔 - 蒙哈榭。最近一次购买是 1978 年，他买下了 0.26 公顷的蒙哈榭特级园，这也是酒庄最伟大的作品。Clive Coates 写道："Ramonet 之于勃艮第白葡萄酒，相当于 Henri Jayer 或康帝酒庄之于勃艮第红葡萄酒。"

20 世纪 90 年代中期，Ramonet 的酒有严重的提早氧化问题，尤其是 1995 和 1996 年份。Pajat Parr 在杂志《葡萄酒观察家》(*Wine*

Spectator）撰文《一个勃艮第干白的警示》（*A Warning on White Burgundy*），称“如果你比较 1986 和 1996 年份的 Ramonet Grand Cru‘Bâtard-Montrachet’，1986 年份的显然更多新鲜度、更有活力”。酒庄也承认彼时的橡木塞供应商有问题。

如今，酒庄拥有葡萄园约 17 公顷。酒庄认为 12 年以下藤龄的葡萄酿不出好酒，于是降级出售。发酵在不锈钢罐进行，发酵接近完成时转入橡木桶，陈酿期 12—15 个月。村级酒使用低于 10% 比例的新桶，多数一级园使用 25% 新桶（唯有 Les Ruchottes 是 40%），特级园用 50%—75% 新桶，只有蒙哈榭特级园酒是 100% 新桶。近年越来越多带酒泥陈酿，而越来越少搅桶，酒庄认为搅桶“使得酒标准化”，失去了个性。

酒庄现在由 Noël 和 Jean-Claude 兄弟俩掌管。如今夏瑟尼名家辈出，Ramonet 不再主导市场，但仍然以纯净、复杂，富有陈年潜力著称。

Domaine Leflaive

勃艮第干白的巅峰，续写传奇

因为酒标上的双鸡家族徽章被勃艮第爱好者俗称为“双鸡酒庄”的 Domaine Leflaive，代表了勃艮第顶尖白葡萄酒的传奇。

19 世纪初期，Claude Leflaive 与普利尼村的姑娘结婚，在此定居并创建了酒庄。19 世纪末 20 世纪初，根瘤蚜虫来袭，勃艮第地价低迷，Claude 的孙子 Joseph Leflaive 趁机大肆购入最好的地块，到 1926 年，酒庄已经拥有 20 公顷葡萄园。

现在酒庄的 24 公顷葡萄园中，5 公顷是特级园，拥有 5 个蒙哈榭特级园中的 4 个：0.08 公顷蒙哈榭、2 公顷骑士 - 蒙哈榭、2 公顷巴塔 - 蒙哈榭、1 公顷比沃尼 - 巴塔 - 蒙哈榭，11 公顷是一级园，包括了 4 片最好的一级园。

1990 年，Anne-Claude Leflaive 开始管理酒庄，她是勃艮第的生物动力法先锋。1996—1998 年，酒庄完成了向生物动力法的转型。

Anne-Claude 酿酒时只用野生酵母，长时间自然发酵，只在酒精发酵结束和乳酸发酵开始的时候轻微搅桶；遵循勃艮第传统，所有的酒都在酒窖里经历两个冬天，第一年在橡木桶，第二年冬天在不锈钢罐陈酿，直到春天装瓶。新橡木桶比例不高，村级酒 15%，一级园 20%，特级园也仅有 25% 左右。

从 2004 年开始，葡萄园扩展到马孔内，在马孔 – 韦泽（Mâcon–Verzé）和索吕特 – 普伊（Solutré–Pouilly）取得了 20 公顷田块，同样采用生物动力法种植并由酒庄团队精心酿造，而价格更平易近人。

2015 年，Anne–Claude 不幸去世，年仅 59 岁。这一消息震惊了整个葡萄酒世界，2014 年份“双鸡”遂成绝响。她的外甥 Brice de La Morandière 誓言继承她的酿酒哲学，继续酿造世界上为数不多的伟大勃艮第干白。

酒庄的蒙哈榭特级园种植于 1960 年，最南端紧邻康帝酒庄的田块，是传奇中的传奇，这款特级园酒更创造了最昂贵的干白葡萄酒拍卖纪录。

Domaine Etienne Sauzet
高雅而有力量感，普利尼的风土大家

这是普利尼村的标杆，酒风高雅而有力量感，是全世界爱好者追逐的顶级干白。

20 世纪初，继承了一些葡萄园又买入了一些，Etienne Sauzet 以 3 公顷葡萄园在普利尼村创建了同名酒庄。到 1950 年，他把葡萄园扩大到近 12 公顷，买入了一些最好的地块，包括巴塔－蒙哈榭和比沃尼－巴塔－蒙哈榭。1975 年 Etienne 去世，外孙女 Jeanine Boillot 和外孙女婿 Gérard Boudot 接手酒庄，引入了现代酿酒技艺。1991 年酒庄田产分成三份，Jeanine 和 Gérard 不得不外购葡萄以补充自有之不足，迅速发展了酒商酒业务。2000 年后酒庄传给了他们的女儿 Emilie 和女婿 Benoît Riffault。

酒庄现有 15 公顷葡萄园，分布在普利尼、夏瑟尼和上博讷丘的 Cormot-le-Grand。在 Benoît 的努力下，酒庄朝有机方向转化，并在 2006 年获得了认证，进而进军生物动力法，2010 年也获得了认证。

为了获得完美的采摘时机，葡萄采摘持续 7—10 天，破碎后低温浸渍 12 小时，在法国橡木桶中缓慢发酵，发酵时间持续两周到数月。陈酿时特级园酒采用约 40% 新桶，一级园 30%，村级 20% 或更低，乳酸发酵在此期间自然发生，必要的时候才搅桶。随后在不锈钢罐中带精细酒泥陈酿 6 个月——Benoît 认为这个步骤能加强对于风土的表达。装瓶前可能轻微过滤和澄清，也取决于年份。

0.14 公顷的巴塔－蒙哈榭和 0.12 公顷的比沃尼－巴塔－蒙哈榭无疑是酒庄珍宝，被酒评家认为足以表现这两块特级园的实力。0.96 公顷的普利尼－蒙哈榭一级园 Les Combettes 是 1954 年种植的老藤葡萄园，有着超一级园的声誉，其酒款陈年潜力堪比特级园酒。

实力名家

Domaine Hubert Lamy

复古超高密度种植，圣托班产区之光

无疑是圣托班最闪亮的一颗星星。Lamy 家族种植葡萄的记录从 1640 年开始。1973 年，Hubert Lamy 创建了自己的同名酒庄。他的儿子 Olivier Lamy 在 1995 年接手酒庄之前，曾经在名庄 Domaine Méo-Camuzet 学习。

圣托班历史上不是一个受重视的产区，是 Olivier 的远见和勇气，真正发挥了当地风土的潜力，突破了人们的认知。

1997 年，Olivier 开始自行装瓶所有的葡萄酒，同时整治葡萄园，保留和购入风土好的园子，淘汰差的。酒庄 16.5 公顷的葡萄园分布在圣托班、夏瑟尼、普利尼和桑特内，酒庄皇冠上的钻石是一小片特级园克里优 - 巴塔 - 蒙哈榭（Criots-Bâtard-Montrachet），就在 d'Auvenay 的田上面。

在 19 世纪末根瘤蚜虫袭来之前，圣托班的种植密度远高于现在的 10000—12000 株 / 公顷，Olivier 在几块园子实验提高种植密度，迫使葡萄藤根系深入地下寻求水分和营养物质，吸取更多矿物成分。在 Derriere Chez Edouard 园提升到 30000 株 / 公顷，出产了高密度种植版酒款 Saint-Aubin Derriere Chez Edouard Haute Densité，在普利尼 - 蒙哈榭的 Les Tremblot 提升到 22000 株 / 公顷，出产了一款高密度种植版 Puligny-Montrachet Haute Densité。Olivier 说，这样获得的葡萄果粒更小，糖分更高，风味也更集中。

出产同等产量的葡萄酒，高密度种植在田里的工作量是正常的三倍，但结果是令人振奋的——据对比品鉴过 Derriere Chez Edouard（种植密度为 14000 株 / 公顷）和 Derriere Chez Edouard Haute Densité（种植密度为 30000 株 / 公顷）的人说，后者在酒体、果味、酸度和矿物表现上都更好，维持着同样的平衡但更高一级。看起来高密度对葡萄园的影响甚至比有机种植更大。

在博讷丘，Olivier 是首批使用大木桶的酿酒师，酒窖里有很多 350 升和 600 升的桶。采收的葡萄在不锈钢罐发酵，然后转到橡木桶陈酿 18—24 个月，仅用 0—15% 新桶。2010 和 2012 年份，Olivier Lamy 以拯救森林的名义，没有使用任何新橡木桶，结果酿成了纯净、细腻而富有活力的霞多丽。

上升新星

Pierre-Yves Colin-Morey
用最老派的方式，酿最精准的酒

Pierre-Yves Colin 仿佛有着点石成金的手指，离开家族酒庄后酿造的第一个年份就攫取了葡萄酒世界的注意。英国酒评家 Jancis Robinson MW 如此评价他的大区级白葡萄酒："在一瓶大区白里发现酿酒师的才华，这可不常见，如同发现写在一个信封背面的精彩演说稿。"

作为 Marc Colin 的长子，Pierre-Yves Colin 在 1994—2005 年的 10 年间，为家族酒庄带来了一个黄金年代。在创建自己的酒庄前，他也在罗讷河谷、卢瓦尔、朗格多克等产区有酿酒经历。2001 年，他和妻子 Caroline Morey 创建了酒商公司 Colin Morey，致力于购买量少优质的原酒，在自家的地下酒窖陈酿。

2006 年，Pierre-Yves Colin 和妻子用 6 公顷继承来的家族葡萄园创建了酒庄。Caroline Morey 是著名酒农 Jean-Marc Morey 的女儿，也有自己的酒庄。“为家族工作难以冒险，只有自己的时候更放得开。”Pierre 说。

酒庄现有的 10 公顷葡萄园，6 公顷在圣托班，包括一级园 La Chatenière、Les Champlots 和 En Remilly，在夏瑟尼有村级 Les Ancegnières 和一级园 Les Chenevottes 、Les Caillerets，还有特级园比沃尼－巴塔－蒙哈榭和巴塔－蒙哈榭。在葡萄园里不用除草剂，人工翻土，为了让根系扎得更深，酿成的酒更有复杂度。

收获的白葡萄整串缓慢压榨，然后进入 350 升桶里——由于容量是 228 升的 1.5 倍，可以采用 30%—50% 的新桶，让发酵自然发生。陈酿期间绝不搅桶。近年他延长了陈酿时间，圣托班从 12 个月延长到 16 个月，夏瑟尼、默尔索陈酿 18—20 个月，在寒冷酒窖里经历两个冬天。装瓶前无须过滤和澄清。

“我喜欢用老派方式做事，总是花更多时间。”他认为酿酒的很多革新手段其实是为了节约时间，比如过滤，“但你不能酿快酒，必须给酒时间。”

酿造过程中尽量隔绝氧气，在酒中保留更多二氧化碳和活力，以保持纯净、还原的风格。

橡木塞是从一个小厂定制的，超长尺寸，一级园和特级园酒还加蜡封，以避免提早氧化。

Pierre-Yves Colin-Morey 的酒常有烟熏、火石气息，口感紧致、精准、强烈、富于层次，提前醒酒非常重要。

Domaine Vincent Dancer
纯净而富于能量，一个完美主义者的酒

“一个极富天分的完美主义者，年轻、有活力的新一代酒农代表。”——这是 RVF 对于 Vincent Dancer 的评价。这个有着蓝眼睛的年轻光头男子，既睿智又活力十足，既脚踏实地又有一种优雅，给拜访过酒庄的人留下深刻的印象。

Vincent Dancer 在阿尔萨斯长大，他从父亲那里继承了对葡萄酒的热情。获得工程师学位后，父亲建议他在勃艮第花些时间，打理家族拥有的、租给表兄弟的葡萄园。他立刻被这个念头打动，1996 年在夏瑟尼住下来，用 5.5 公顷葡萄园酿酒，包括博讷、波玛、默尔索、普利尼 - 蒙哈榭和夏瑟尼 - 蒙哈榭的地块。即使以勃艮第的标准，这也是一个很小的酒庄。他的酒在一个小圈子里知名，餐厅、爱好者们年复一年拿到一点配额。

现在葡萄园面积扩大到了6.2公顷。Vincent Dancer是夏瑟尼第一个获得有机认证的酒农。他安静而独立，默默用他的方式酿造着纯净、明亮、咸鲜风格的酒。在酒窖里尽量少干预，只用野生酵母，不加酶，不调酸，乳酸发酵自然发生，不搅桶，不过滤，不澄清。每款酒都是风土的真实表达——从丰富、油润的Meursault Perrières到极致纯净的Chassagne-Montrachet“Tête-du-Clos”，大区级酒则由默尔索和普利尼的两个地块的葡萄混酿，精准而富有能量，像一个更高级别的酒。夏瑟尼－蒙哈榭一级名园La Romanée享受早晨的阳光，酿出丰富而强烈的酒，会越来越抢手。

Vincent Dancer是夏瑟尼上升的新星，有人说，他是明天的Arnaud Ente。

Domaine Lamy Caillat

值得关注的微型酒庄，超凡的一级园酒

这个2011年才开始产酒的微型酒庄已经开始引起勃艮第爱好者的注意。

Sebastien Caillat 本来是一个受过严格训练的工程师，创建酒庄后，他还发明了在一个橡木塞上添加蜡质涂层以防白葡萄酒氧化的机器，薄薄的蜡层只有 0.2—0.5 毫米。当 Sebastien 收到康帝酒庄庄主 Aubert de Villaine 的电话，要求他示范怎么用这个机器的时候，他兴奋极了。

酒庄只有 1.2 公顷葡萄园，全部在夏瑟尼，全部是霞多丽，包括了 3 个一级园和一些村级园。

酿酒时偏于还原酿造，有些许火柴气息，果香集中、有架构感。在橡木桶陈酿后，还会在不锈钢罐中带酒泥陈酿，不搅桶。

酒庄拥有夏瑟尼一级名园 La Romanée 最上面的 0.224 公顷 1961 年种植的老藤葡萄。在三个一级园里，它酿出的酒果香最集中，富于异国果香，也不缺少酸度和矿物气息，从来不沉重，其品质堪比一些特级园酒。

Domaine Benoit Ente

用实力说话，不再是“另一个 Ente”

如今人们提起 Benoit Ente 的时候，不会只说他是“Arnaud

Ente的弟弟”了，因为他已经以实力证明了自己是勃艮第最好的白葡萄酒酿酒师之一。

1990年，Benoit从祖父母那里继承了3公顷葡萄园，主要在普利尼，也有一点田块在夏瑟尼和默尔索。开头几年他把酒卖给酒商，从1997年开始自己装瓶。一开始，像当时很多雄心勃勃的年轻酒农一样，他想酿造饱满强劲厚重的酒来证明自己，使用高比例的新橡木桶加上频繁搅桶。2003年是个热年，葡萄过熟，这成为他反思和改变风格的契机。2004年以后，他更注重纯净和平衡。与早年的做法相反，少用新桶（低于30%），尽量少搅桶。

现在酒庄的6公顷葡萄园分为20个地块，在夏瑟尼拥有一小片Houillères，在普利尼拥有从村级到一级园的Sous le Puits、Les Referts、La Truffière和Les Folatières等。Benoit采用合理防御，保留在极端年份使用化学品的选择。Benoit喜爱酸度给予酒的架构感、新鲜度和陈年潜力，因此倾向于早采。

Benoit所有的酒都陈酿18个月，前12个月在橡木桶或大木桶，后6个月混合在大木桶里，自然澄清，因此装瓶前无须过滤和澄清。

勃艮第也好吃 2：餐馆偶遇名庄庄主

作为在博讷“拥有”后花园、游泳池的人，我们不用像游客一样每天排得满满的，打卡所有名餐厅，工作之余，有时只想放松喝一杯，吃点小食。这种时候，就会出门右转走五分钟，到 La Dilettante。

如果只想喝勃艮第最贵最有名的酒，这里不适合你；如果抱着开放的心态，La Dilettante 绝对会给你惊喜。坐在酒吧狭小的木头椅子上环顾左右，尽是来自世界各地的年轻人。酒单是没有的，想点酒得穿过整个屋子，无视墙边那一桌客人，盯着摆满了酒瓶的墙上用手指点酒。从意大利巴罗洛的低调老派明星、汝拉的“当红炸子鸡”，到卢瓦尔的生物动力法教父、勃艮第自然酒大神的代表……这里应有尽有。被茂盛胡子和头发遮得满脸只剩一双眼睛的侍酒师拎起你的酒，面无表情地打开，随便你问他什么关于这瓶酒的问题都

能对答如流——在勃艮第，能用英语无障碍沟通，对我们这些不会法语的可怜外国人是多么大的安慰。

然而，你正开心的时候发现自己还是天真了，隔壁桌在喝一瓶墙上没有的 Maison Pierre Overnoy 2003 年份干白——就知道事情没有那么简单，原来还有隐藏酒单！

La Dilettante 的下酒菜也平易近人。谁能想到在石灰石堆砌的百年老宅里，有多汁的唐扬鸡块和软熟的 Epoisses 浸皮奶酪这样的组合呢？

一个普通的星期二，法国乡下餐厅很少营业的中午，我们需要在拜访 Gilbert Felettig 之前找个地方吃午餐，搜遍了地图，方圆五里只有夜 - 圣乔治村的小馆 Café de Paris 开门，但评分还挺高，我们互相安抚说就简单吃个三明治喝个咖啡好了。

推开蓝色的木框玻璃门，我们顿时为自己狭隘的想法羞愧了——Café de Paris 和巴黎最受欢迎的那些 bistrot（小馆）一样热闹。赫然看见名庄庄主 Thibault Liger-Belair 坐在里面，他疑惑的目光和我们惊讶的目光短暂相遇，大概纳闷："怎

CAFE DE PARIS
BAR
BRASSERIE
BAR A VIN
BAR
BRASSERIE
BAR A VIN

么这个季节还有中国人来？”

如果是在北京或上海，你多半得花大价钱参加品鉴或晚宴，才能见到的那些名庄庄主，在勃艮第可能拐个弯就碰上了，毕竟这是他们日常工作和享乐的地方。

坐定之后，惊喜地发现菜单居然非常丰富——勃艮第红酒炖牛肉、卡门贝尔奶酪烘蛋、油封鸭腿等质朴而扎实的乡下菜，一下打开了我们的胃口。墙上小黑板还标着 5 欧元一杯的丰富杯点酒单。刚把菜单还给海象胡子老板，一回头，又瞥见大酒商 Bouchard 的庄主坐在另一桌。

没等多久，勃艮第红酒炖牛肉香喷喷上桌了。一尝就知道，这可是真正用勃艮第酒炖出来的，有着黑皮诺明亮的酸度，绝非那些假冒伪劣的勃艮第红酒炖牛肉可比，连搭配的炸薯条都又胖又脆，让人不得不服。

离开勃艮第前的最后一晚，酒商朋友表示，在考察了我们一段时间之后，决定带我们去他最喜欢的餐厅 Caves Madeleine。

事实证明这个家伙又一次对了！我们吃到了近几年吃到

过的最好的蔬菜沙拉——精巧地卧在灰釉色的盘子上，每一种蔬菜都新鲜而富有滋味，小水萝卜、塔菜、嫩玉米粒、苦苣菜心、花椰菜……仿佛直接从阳光下的农场被端到了餐桌，搭配香脆的坚果碎，轻盈开胃。接下来呈现的——银皮煎出金色亮光的鲷鱼火候恰到好处；初春的白芦笋搭配冬末的黑松露碰撞出层次丰盈的回味；鲜美的牛肉高汤浸肉丸，配一片解腻的黄色芜菁——每道菜里的食材可能都超过了十种，但没有一样是多余的，所有的滋味层层展现、精准平衡。

Caves Madeleine 的选酒和菜式一样丰富诱人，酒商朋友透露，餐厅和 La Dilettante 是一个老板——这就解释得通了。而且酒单定价策略亲民，点酒没负担。喝了那么多天勃艮第，我们决定来点儿别的，先来一瓶汝拉阿尔布瓦产区（Arbois）的 Philippe Bornard“le Ginglet”，俗称“小狐狸”的一款自然酒，鲜美多汁的 Trousseau 葡萄和鱼肉的质感非常相称；再开一瓶教皇新堡（Chateauneuf du Pape）顶级名庄 Château Rayas 出品的 Pignan，侍酒师说很遗憾 2008 年份卖完了，只有 2007 年份——我们勇敢地开了酒却不尽如人意，只好互相安慰着，给下次回来开更好的酒留个借口。

走出餐厅之前，发现门口的一桌法国人里，有几天前我们刚刚拜访过的 Bernard Moreau 的庄主 Alex 和他太太。他看见我们立刻出来打招呼，我们则趁机抱怨 2007 年份 Pignan 令人失望。“我也很爱 Rayas，但不管是 Château Rayas、Pignan，还是 Fonsalette，之前喝的 2007 年份总是有一种过熟的氧化感。”这位夏瑟尼名庄庄主言语中暴露了自己没少喝 Rayas 家的酒。对于勃艮第人来说，在陌生人面前直陈自己对其他产区的喜好并不多见。在博讷酒足饭饱的月圆之夜，大家明显都放下了戒备心。

La Dilettante

地址：11 rue du Faubourg Bretonniere, Beaune 21200

Café de Paris

地址：3 Place de la Liberation, Nuits Saint-Georges 21700

Caves Madeleine

地址：8 r Faubourg Madeleine, Beaune 21200

RÉSERVÉ
2007
PIGNAN
CHATEAUNEUF-DU-PAPE

其他勃艮第餐厅推荐

Ma Cuisine

乡下小酒馆风格，做勃艮第传统菜。酒单上有很老年份的酒，值得寻宝。

地址：Passage Saint-Hélène，Beaune 21200

Le Jardin des Remparts

米其林一星，在博讷老城中心的一个花园城堡建筑里面。菜式精致、细节完美。

地址：10 Rue de l'Hotel Dieu，Beaune 21200

Maison Lameloise

20 世纪 20 年代创建的古老餐厅，也是离博讷最近的米其林三星餐厅。富有历史但不守旧，菜式极其精致简约。酒单庞大，但没有那么多老年份的收藏，价格相对较贵。

地址：36 Place d'Armes，Chagny 71150

La Ferme de la Ruchotte

一个有自家菜园和家畜的有机农场餐厅，肉类、蔬菜、鸡蛋都出自自家农场。不能点菜，主厨依据食材决定当日菜单。

地址：Lieu Dit la Ruchotte，Bligny sur Ouche 21360

SANTENAY
桑特内寻宝记

你看，我们是自诩专业靠谱的葡萄酒记者，每一次拜访酒庄都做好功课，准点到达，私底下非常看不起那些经常迟到，或带着前一晚的宿醉出现的同行。但是去拜访 Domaine Jean-Marc Vincent 的时候，前所未有的乌龙事件发生了。

从博讷开车南下桑特内，距离不远，20 多分钟就到了。找到挂着 Domaine Jean-Marc Vincent 牌子的小街，空无一人，大门紧闭，院子里也很安静，二楼一只胖猫探了探头，就缩进房间的阴影里——一点没有准备接待访客的意思。

在门前徘徊了一会儿，我们中终于有聪明人醒悟过来：我们和酒庄预约的是 4:00 pm（下午 4 点），我们看成 14:00（下午 2 点）了，整整早到了 2 小时！

回去似乎也没有意义，从早上就阴着的天还淅淅沥沥下起雨来。我们把车停在小广场上，侥幸找到一家还开着的咖啡馆兼杂货店，喝咖啡翻杂志消磨时间——路过的咖啡馆、酒铺子多半紧闭着门，杳无人迹，整个村子似乎都在雨中沉睡。

两小时后我们回到酒庄，大门应声而开，Jean-Marc Vincent 和太太 Anne-Marie 出来热情地自我介绍，胖猫也摇头晃脑地再次出现。祖上是从 13 世纪开始种植葡萄的葡萄农，Jean-Marc 和妻子继承了祖父在桑特内的葡萄园。过 50 岁生日的时候，他认真思考了一下自己的人生往何处去……结论是他想像祖父一样，酿造反映桑特内风土的酒，因为他对于桑特内独有的 17 种风土很有信心。

Jean-Marc 开车带我们去看葡萄园，路过一所高墙围住的寂静宅院。“你们知道吗？这是 Aubert de Villaine（康帝酒庄联席庄主）的家，他住在这里很多年了。”他的语气带着尊敬，以及隐隐一丝作为桑特内人的骄傲。

传统上博讷丘南面的桑特内不是一个引人注目的产区。高产而酒质平庸是消费者对这里普遍的印象，但正是满怀理想和干劲的酒农，如 Jean-Marc，尽力发掘这里的风土潜力，酿造出产区标杆的葡萄酒，才将桑特内放到了勃艮第的葡萄酒地图上。

穿着红色夹克的 Jean-Marc 身体结实而有活力，言谈和举止的谦逊难掩他对种植和酿造的狂热。自 Olivier Lamy（Hubert

Lamy 酒庄现庄主）处获得高密度种植的启发，他严格审视自家园子，拔除有问题的老藤，采用 Massale Selection（从自家葡萄园精选老藤育苗而非购买克隆品系）的方式，在原先 10000 株 / 公顷的葡萄园里重种了 12000 株 / 公顷；从 2003 年开始，在葡萄园里只采用小型拖拉机，不用重型机械压实土壤；无惧耗费人工，他将葡萄剪枝方式一点点转向居由 – 普萨尔式；他还复兴传统，在黑皮诺园里混种约 5% 白皮诺，一起采收和酿造；为应对全球气候暖化，他将砧木替换为更加适应干旱和其他极端天气的品系……

Jean-Marc 的妻子 Anne-Marie 也在葡萄园工作，听着丈夫谈论他在种植上的各种疯狂念头，不由自主地轻叹一口气——成天和这么精力充沛又追求完美的男人一起工作不容易吧。

在一个 14 世纪的古老酒窖上层，Jean-Marc 踩着梯子爬到不锈钢罐上，汲取酒样给我们一一品尝，同时滔滔不绝地谈论着每个地块的风土特色。Jean-Marc 是一个既尊重传统也重视科学实验精神的酿酒师，他认为古老酒窖里的微生物有助于酿成美酒，同时在酒窖里设置了控制温度的设备。发酵只用野生酵母，仅在装瓶前添加微量硫。和祖父相比，他延长了陈酿时间，所有的酒在酒窖里经历两个冬天，Gravité 红葡萄酒甚至经历 24 个月橡木

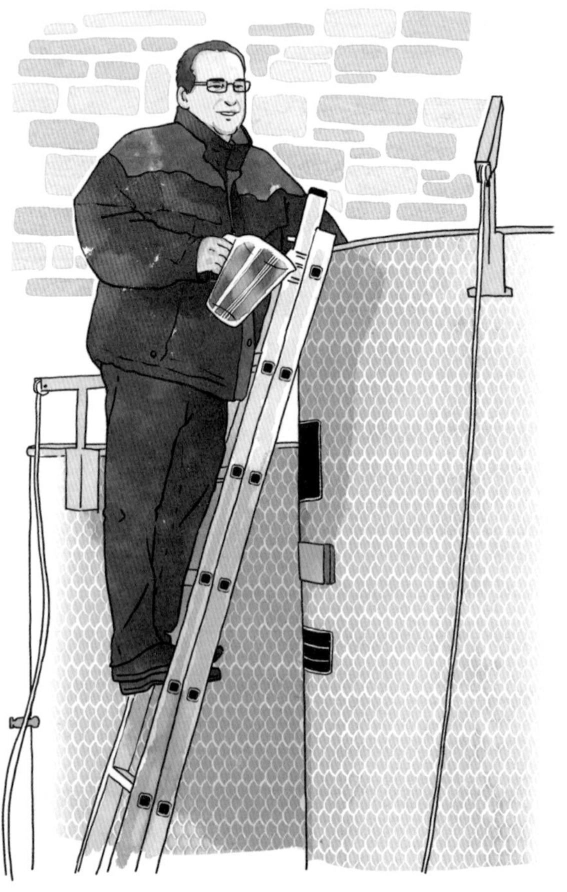

桶陈酿。

虽然没有特级园，但酒庄的一级园酒无论红白，都有着纯净、丰富的果香，漂亮的集中度和架构感，彰显了桑特内的风土实力，亦绝不输于其他名村的同级别酒。

从酒窖出来，夫妇俩带我们去酒庄的酒铺子，坐下来品尝了更多装瓶的酒……等我们离开酒庄的时候，已经接近晚上 7 点了。虽然在这里花了不少时间，我们却非常庆幸没有错过这家宝藏酒庄；虽然桑特内不是那种“性感”名村，却给了我们很多惊喜。勃艮第就是这么神奇的地方，永远有未知和惊喜藏在一片葡萄园里，或紧闭的大门后。

BEAUJOLAIS
博若莱不一样

抽出一天时间，酒商朋友自告奋勇，开车载我们去博若莱——从博讷一路往南要开一个多小时。

路上他问：“吃早餐了吗？”“随便吃了点。”我们以为他只是礼貌地问候一下。

“希望你们留了好胃口，我上次去 Domaine de la Grand’Cour，Jean-Louis Dutraive 上午就端出一大盘奶酪。”我们也很爱法国奶酪，搓搓手暗自期待——但没想到每次的脚本不一样，这是后话。

从勃艮第中心博讷到博若莱，其实比从香槟中心埃佩尔奈（Epernay）去其南部的子产区奥布（Aube）路途更近，但一进入博若莱，满眼望去已经是另一个世界：深灰色丘陵起伏、石头遍地的葡萄园里尽是**圣杯式**的遒劲老藤。比起勃艮第的居由式，圣杯式有更好的抗旱性，适应这里相对干旱的气候。站在山头，疾风劲吹，有几分像在罗讷河谷南部，又更多一丝自在的荒野气息。

仅仅几十年前，博若莱还属于勃艮第产区，但现在没人会主动提起这段过往，生物动力法和自然酒重镇才是今日博若莱最引人瞩目的名片。

当我们谈论博若莱，总不能回避这段历史。从 20 世纪 80 年代起，博若莱分裂为两个阵营，一边是创造概念并在全球市场获得巨大成功的“博若莱新酒”，它将博若莱之名推向世界，成为肤浅、商业化、便宜酒的代名词；另一边是致力于诠释博若莱十个特级村独特风土，酿制严肃、有深度和陈年潜力酒品的五君子 Marcel Lapierre、Jean-Paul Thévenet、Yvon Métras、Guy Breton、Jean Foillard。博若莱独特的风土，亦吸引了勃艮第名庄 Michel Lafarge、Chandon de Briailles、Thibault Liger-Belair 等在此投资和酿酒。

如今传承了五君子衣钵的博若莱新生代，更将博若莱美酒推向巴黎最时髦的自然酒吧、米其林星级餐厅。在 Instagram 上，你会发现 de la Grand’Cour 的名字频繁出现。在纪录片《侍酒师：瓶中那些事》（*SOMM: Into the Bottle*，2015 年）中，美国侍酒师大师 Brian McClintic 说：“葡萄酒分两种，有的充满智慧，有的只是好喝而已。而 Dutraive 的酒就是前者，充满不可思议的吸引力。”

我们刚把车开进院子停稳，一个漂亮姑娘带着一只温顺的卷毛牧羊犬迎了出来。她是 Ophelie,Jean-Louis Dutraive 的女儿。“我爸正在给你们做饭哪，我来带你们看葡萄园和品酒。”她说。

酒庄边上就是大片的葡萄园，包括 Jean-Louis Dutraive 的父亲 1969 年在博若莱买下的第一片葡萄园。Jean-Louis 从 1977 年开始随父亲一起酿酒，1989 年正式接管 de la Grand’Cour 至今。6 公顷自有的葡萄园藤龄大部分在 40—80 年，平均每公顷种植 10000 株，不使用任何农药、化肥、除草剂，晚采收，严格筛选果实；整串发酵前，二氧化碳低温带皮浸渍 15—30 天，只使用野生酵母发酵，加极少量的二氧化硫，不澄清、不过滤。

这些现在看来已是共识的种植、酿造方式，在工业化、技术流主导的几十年前，可谓特立独行。现在不仅有越来越多的博若莱酒农跟随他们的脚步，香槟、卢瓦尔产区的优秀酒农也在做着同样的事情：回归尊重自然的耕种方式，采用有机或生物动力法管理葡萄园，让曾经被农药、化肥污染的土地重现活力。

酒窖里的设备传统而有序，有博若莱常见的玻璃钢发酵罐，也有 2014 年投入使用的水泥槽，发酵升温慢且更稳定。发酵结束的酒进入勃艮第旧橡木桶中陈酿，这些大小不一的旧桶全部来自 Jean-Louis 的好友、夏瑟尼名庄庄主 Jean-Claude Ramonet 的酒窖。

从2016年起，酒庄也购买一些葡萄做酒商酒。刚刚从大学的葡萄种植与酿造专业毕业的Ophelie与哥哥Justin Dutraive也在酿造自己的作品，我们品尝了Ophelie的Moulin-à-Vent酒，酒质优雅而不失架构感。

酒庄拥有弗勒里（Fleurie）和布鲁伊（Brouilly）两个特级村田块，后者有更多的石灰岩土质，更具结构感。弗勒里最好的地块Chapelle des Bois像勃艮第金丘一样覆盖了厚厚的黏土，出品的酒酒体成熟甜美，博若莱另一名家Jules Desjourneys在这里也有地块。最特别的酒款来自弗勒里单一园Champagne（香槟园，常年不遗余力捍卫自家名称使用的香槟协会似乎也默认了），用70—100年的老藤酿造，产量仅有2500升/公顷，充满紫罗兰花香，口感立体，一层层的风味渐次铺开，多汁且优雅。

Jean-Louis出现了，不费劲寒暄，大手一挥招呼我们："走，吃饭去！"大家欢欣鼓舞地跟着他来到餐桌前，上面堆满了肥美的乡下肉派、粉色的野生熏鱼、诱人的奶酪拼盘，后面的炭火壁炉里还香喷喷烤着大牛排和黄油土豆片——难怪他上午不能亲自招呼我们，把下厨待客放在参观品酒之前的庄主，恐怕也只有这位大厨兼美食家了。

2005
Cuvée L'exception
DOMAINE DE LA GRAND'COUR
FLEURIE

卷毛牧羊犬和另一只棕黑色小猎犬也积极加入午餐。牧羊犬乖乖守在烤炉前面，小猎犬上来直接把下巴搁在客人腿上，圆圆的眼睛不看你，而是望向空中某处虚无，意思是“喂不喂我你看着办吧”。这谁能抵挡得住啊？也怪不了狗子，Jean-Louis 的菜实在太香了。

忽然，桌上多了一个醒酒器，Jean-Louis 拿出了一瓶 2003 年份的 Fleurie Cuvee l'Exception——只在这一年出产的特别款酒。入口依然富于果香和活力，同时带着陈年演化而来的菌菇气息——无须多言就证明了博若莱多年来被低估的伟大风土。

离开 Dutraive 家的时候，牧羊犬憨厚地跟着主人出来送客，小猎犬就不知跑哪儿玩去了。

在前去拜访 Domaine Marc Delienne 的路上，我们经过了弗勒里风景最美的一片葡萄园。车子徐徐开到一个小山头上停下，刚看到一个古老小教堂的尖顶，戴着灰绿色羊毛礼帽的 Marc Delienne 就远远地冒了出来，在他身后，是俯瞰整个弗勒里的一大片环形山坡葡萄园，这就是美到令人窒息的 Chapelle des Bois 略地了。

Marc Delienne 可能实现了很多葡萄酒爱好者的终极梦想——

拥有自己的酒庄，酿出一鸣惊人的酒。Marc 来自法国北部，曾经是在巴黎住了 35 年的金融行业从业者和狂热的葡萄酒收藏家。从 20 世纪 80 年代起，他把几乎所有闲暇时间都花在拜访各个产区和酒庄上面，直到遇见南法名庄 Domaine de Trévallon——他用 4 年时间在这里学习种植和酿造。

2015 年，他认定博若莱是他最爱的产区，自信能在这里大展拳脚。买下了弗勒里村 Château de l'Abbaye Saint Laurent d'Arpayé 的 12 公顷葡萄园，他出产了自己的第一批酒。2016 年，他开始实施有机和生物动力法种植，2017 年获得了有机认证。

短短几年间，Domaine Marc Delienne 的酒就以纯净的酒体、新鲜的果味、馥郁的花香、富有能量的表达力迅速成为博若莱自然酒的新星。并且作为弗勒里村独特花岗岩风土的优秀代表，被权威酒评人认可，被高级餐厅侍酒师追捧。

Marc 可能没有 Jean-Louis 的高明厨艺，但肯定是个热衷享受、口味挑剔的家伙。在酒窖里，他强调酿造自然酒的第一原则就是："干净、干净、干净！"根据每个地块葡萄的特质，决定采取 15—20 天的全二氧化碳浸渍法，或 8—12 天的半二氧化碳浸渍法。Marc 认为复杂度、成熟度更高的葡萄更适用于后者——先在封闭环境中让果皮的单宁温柔地浸出，酶充分地发挥作用，最后再做压榨，让酵母完成酒精发酵的工作，随后进入旧法国橡木桶进行 8—15 个月的陈酿。

我们品尝了 20 多款酒，从以纯净果香清晰传递风土的 Abbaye Road，到充满馥郁花香、还可以经久陈年的 Avalanche de Printemps，从单宁精致、果味轻盈的 Greta Carbo，到高贵、强劲的 La Vigne des Fous，款款都是精品。色彩丰富而抽象的酒标来自一位和 Marc 长期合作的艺术家。整整齐齐排列在大橡木桶上的酒款点亮了整个酒窖。

博若莱，有点像勃艮第的一个小兄弟，也很有自己的脾气和个性。如果在勃艮第时间充裕，也不妨驱车南下，体会一下博若莱的别样魅力。

如果勃艮第酒配中餐

从勃艮第回来，发现日常喝勃艮第酒的场景，很多发生在吃中餐的时候。吃意大利菜的时候喝意大利酒，吃法餐的时候喝各个法国产区的酒，反而在精致一点的中餐厅，越来越多人喜欢开勃艮第酒。

“勃艮第酒绝配中餐！”

“川菜还是配小甜水好……”

你一定听过很多类似的观点，说话的人往往非常自信和肯定。其实餐酒搭配，是很难一言以蔽之的，尤其是勃艮第酒搭配中国菜。勃艮第虽然以一白一红两个葡萄品种为主，但从北到南风土的多样性加上酒农酿酒风格的不同，造成干白可以纯净矿物线性，也可以饱满复杂强劲，干红可以轻盈细腻柔美，也可以强壮紧实饱满。再和菜系、食材、味型纷繁多样的中餐交叉组合，简直有无限可能，当然也有雷区。

如果非要一下子跳到结论，勃艮第酒是相对适合搭配中餐的。中式做法的红肉总是软嫩入味，单宁和酒体细致、酸度明亮的勃艮第黑皮诺可能比单宁浓重、酒精度高的葡萄品种与之更搭调；而广东、江浙一带擅长的白肉菜式，许多勃艮第白葡萄酒饱满丰富的酒体也足以与之抗衡。

餐酒搭配可以追求极致，也可以随性而为。如从饮酒场合出发，照理便宜的小酒配小菜，隆重的大酒配大菜，但一个酒友兴之所至，开瓶乐华一级园自斟自饮，下酒菜只有油炸花生米，也不犯法吧。

哪个菜系最配勃艮第酒?

如果有几瓶勃艮第好酒，又想兼顾中国胃，选什么菜系合适?

保守的选择是粤菜和潮汕菜。同样酿自霞多丽的酒，是经过较高比例新橡木桶陈酿，还是只经过不锈钢罐、旧的大木桶陈酿，决定了它们适合的不同菜式。

所有的白灼小海鲜、潮汕鱼饭、清蒸鱼，都可搭配未过桶或旧的大木桶陈酿的清新爽利风格的霞多丽，因为明显的过桶气息会带出海鲜（即使非常新鲜）的腥气而且回味悠长，天生对腥气敏感的人尤其崩溃（有的人嗜腥，就还好）。

部分经过新橡木桶陈酿，饱满丰富风格的霞多丽适合搭配各种白肉，比如，白切鸡、盐焗鸡、白卤水鹅肉，其饱满的酒体完全能够抗衡油润的鸡皮或富有嚼劲的肉质。

法餐把所有的禽类视为鸟儿——即可以用手拿着啃而不失礼的。同样擅长烹饪“鸟类”的粤菜和勃艮第黑皮诺是天作之合，从盐焗/红烧乳鸽到烧鸭、烧鹅，软嫩的质感和一丝血气与勃艮第红酒搭配更多汁有味，黑皮诺的酸度也化解了炸、烤脆皮的油腻感。

顺德菜擅长的“啫啫”菜式，从牛蛙到鳗鱼、竹肠，因为用了浓厚酱汁，也绝配勃艮第红葡萄酒。新年份黑皮诺的果香带来清新感，略为陈年的黑皮诺风味更复杂，与酱汁味道更融合。

粤菜、潮汕菜也像法餐一样讲究酱汁，蒜蓉、沙姜、XO 酱、青梅汁多多少少都会改变配酒效果，太琐碎就不展开说了。

搭配示例

清新未过桶的小夏布利、村级夏布利白葡萄酒——

白灼小鱿鱼、白灼基围虾、冻花蟹、清蒸鳜鱼

饱满油润的默尔索、夏瑟尼—蒙哈榭葡萄酒——

白切鸡、白卤水掌翼、豆腐

单宁精致的夜丘红葡萄酒——

盐焗 / 红烧乳鸽、烧鸭、烧鹅、啫啫大肠、竹肠

饱满宽广的博讷丘红葡萄酒——

潮汕牛肉火锅、红烧羊肉锅

勃艮第酒能搭北方菜吗？

以鲁菜为根基的北方菜太厚重了，勃艮第酒怕不能驾

2016
CAVES DE L'AUMÔNERIE
DU XIe SIÈCLE
DUGAT-PY
GEVREY-CHAMBERTIN
VIEILLES VIGNES

驭？不一定哦，看怎么搭配。

北方菜有很多凉拌菜式，香椿豆腐、芥末墩儿都很清爽，还有热炒清鲜的芫爆肚丝，搭配简单清爽的霞多丽最佳，幸运的时候能带出丝丝矿物气息。干炸丸子蘸一点椒盐，既可以搭配马孔的白葡萄酒，也可以搭配马桑内的红葡萄酒。

北京烤鸭理论上是百搭，但吃法的繁复导致了多种可能性：烤鸭皮蘸白糖可以配德国微甜雷司令，烤鸭卷饼蘸酱适合饱满复杂略微陈年的巴巴莱斯科（Barbaresco）、里奥哈（Rioja），想要和勃艮第黑皮诺完美搭配，热乎乎的原味片皮烤鸭最好，酒里的酸度化解烤鸭皮的肥腻，细腻的单宁融合了烤鸭肉的质感，如果烤鸭品质够好，余香悠长。

大虾烧白菜是一道家常而隽永的鲁菜，橙红的虾脑给白菜染上诱人的颜色和鲜味，但是太鲜了不容易配酒，会让清新的霞多丽失色，也会被过桶霞多丽带出腥气。

葱烧海参可以搭配勃艮第南部更饱满和浓郁的干红，以新鲜果香映衬浓郁酱汁，以饱满酒体化解肥腴质地。勃艮第北部轻盈、飘逸的干红会败下阵来的。

搭配示例

清新简单的夏布利、马孔白葡萄酒——

香椿豆腐、芥末墩儿、芫爆肚丝

细腻高贵的夜丘红葡萄酒——

北京烤鸭（原味）

宽广浓郁的博讷丘红葡萄酒——

葱烧海参

勃艮第酒容易配淮扬菜吗?

同属优雅细腻风格的淮扬菜和勃艮第酒，是否天作之合呢？未必。

运用了大量高汤的鲜美菜式，在搭配白葡萄酒的时候要小心，因为可能压过葡萄酒的味道，使酒显得花容失色。比如大煮干丝，看起来清清淡淡，毫无攻击性，但让干丝入味的高汤加火腿足以压倒一支清新细致的霞多丽。拆烩鲢鱼头浓白的汤底和富有胶质的肉质，只有饱满型的干白能够呼应，但用桶痕迹明显的话就会带出土腥气息。清鲜细嫩的太湖白虾、白鱼搭配清新细致的霞多丽是最美满的，能衬出食材本味。

响油鳝糊、红烧肉、红烧黄鱼这些质地细腻、口感丰腴的菜式，果香馥郁、单宁细腻的黑皮诺都能搭配，但前提是调味以咸鲜为主，不是海派的甜口（中式调味中的甜，是和辣一样具有杀伤力的，只是被低估了）。勃艮第本来也有用红葡萄酒搭配当地炖煮河鱼的传统，不必拘泥“红酒配红肉，白酒配白肉”的刻板规条。

如果是陈年后复杂、精妙的老酒，最好是先喝酒，再尝菜，细细体会老酒之美。

搭配示例

清新干净的夏布利、默尔索白葡萄酒——

清炒太湖白虾、清蒸太湖白鱼

饱满而只过旧桶的夏瑟尼、普利尼白葡萄酒——

大煮干丝、清汤狮子头、拆烩鲢鱼头

单宁细腻酸度明亮的香波－慕西尼、沃恩－罗曼尼、沃内红葡萄酒——

响油鳝糊、红烧肉、红烧黄鱼

勃艮第酒不能搭配什么?

云贵川西南菜中所有的辣菜，无论红白葡萄酒都不灵。

霞多丽是中性品种而不是芳香品种，绝大多数情况下酿成干型酒，无论搭配东南亚菜或云贵川菜，都与香料气息没有呼应，也没有甜度对应辣度。非常简单的小夏布利或勃艮第大区干白冻得冰凉，可以略微解辣，但也没什么化学反应，若用一瓶昂贵的名庄霞多丽配辣菜，就有点可惜了。

黑皮诺的细致香气和精细口感一遇辣就失去了细节。果香和酒体更强壮，酒精度也更高的红葡萄品种更适合辣菜。简单的博若莱佳美葡萄酒微微冰镇后可以配微辣的拌牛肉、回锅肉，但仅仅作为餐酒，勃艮第名家黑皮诺是不舍得这么喝的。

勃艮第小辞典

风土（Terroir）

Terroir 这个法语词，通常译作“风土”，中国台湾也译为“地话”。

有葡萄酒的地方就有风土，气候、土壤和人类活动共同构成一个产区的风土，但世界上没有任何其他地方，风土的意义如在勃艮第一样重大，康帝酒庄的联席庄主 Aubert de Villaine 说过：“风土是人类几千年的梦想。”对于勃艮第葡萄酒，“忠实反映风土”是一种至高的赞美。

葡萄酒世界也有一种观点，认为风土的作用在勃艮第被无限夸大了，玄之又玄，更像一种营销策略。若真如此，就没法解释在勃艮第以外的黑皮诺产区，很难酿制出媲美勃艮第特级园的黑皮诺酒。年复一年，怀有狂热勃艮第情结的新世界酿酒师，能酿出勃艮第名家村级酒的水平，已经是巨大的成功了。

如果我们说勃艮第的风土是独一无二、难以复制的，那么不要忘记，勃艮第人无疑是最重要的风土元素。

有关葡萄园

特级园 / 一级园（Grand Cru / Premier Cru）

勃艮第的产区分级制度既来自千百年来僧侣的风土研究和积累，也有赖于18—19世纪专家学者对葡萄园和土壤的分析研究。20世纪30年代，勃艮第产区分级制度正式推出，形成从大区、村级到一级园、特级园的金字塔形状，塔尖的特级园只占勃艮第总产量的2%，村级占到大约36%，大区酒产量超过一半。

由于历史形成的原因，今天确实存在“具有特级园水准的一级园”或“良莠不齐名过其实的特级园”，但对于消费者来说，这个分级制度始终是从风格到价格的重要依据。世界上很多葡萄酒产区试图模仿勃艮第的分级，结果都一言难尽，因为勃艮第的历史和风土研究的精神是很难复制的。

独占园（Monopole）

由一家酒庄独有的葡萄园就称为独占园，可以是村级、一级或特级园。勃艮第最有名和昂贵的独占园无疑是康帝家的 La Romanée-Conti 和 La Tâche。

克力玛 / 略地（Climat / Lieu-dit）

这两个词是勃艮第独有的，难以翻译也容易混淆，“略地”的翻译似乎来自中国台湾，音义兼顾。

Climat 是由地理和气候因素划分的地块，当年勃艮第僧侣发现不同地块酿成的葡萄酒特性不同，因此以不同的 Climat 加以区分，这是勃艮第历史和文化的重要构成因素，2015 年被联合国教科文组织列入非物质文化遗产。

Lieu-dit（法语复数是 Lieux-dits）是由历史和地形造成的，有些名称从中世纪就有了。

二者有时候也混用，我们无须纠结，尊重勃艮第酒农的习惯就是了。

传统种植 / 合理防御（Conventionnel / Lutte Raisonnée）

20 世纪 90 年代以前，勃艮第经历过滥用杀虫剂、除草剂等化学品的时期，造成土壤板结、失去生命力的恶果，直到年轻一代酒农崛起，意识到传统种植方式的危害，将有机、生物动力法的理念引入葡萄园。

有机和生物动力法都有标准和认证机构，合理防御则是相对于二者，不完全禁用化学品，但以环境优先，尽量少用，没有严格的认证。在自然灾害严重的年份，这等于给自己留了一条退路。

随着对于有机种植过度使用铜和硫化物的质疑（铜积聚在土壤里不能代谢，硫敏感人士喝高硫酒会头疼），以及对于生物动力法神秘主义部分的意见保留，很多勃艮第名庄选择合理防御，也从葡萄园到酒中获得令人尊敬的结果。

生物动力法 / 有机种植（Biodynamique / Biologique）

把牛粪装入牛角埋进地里，过几个月再挖出来；自制不同配方的草药茶，相信葡萄园和人一样需要喝点保持健康；在一个废弃橡木桶里收集雨水并顺时针搅动，相信水有记忆和能量……生物动力法的很多做法看起来怪异而不可思议，相比规则明确的有机种植——从种植到酿造只允许使用有机产品，生物动力法要求对气候、土壤、葡萄有更深入和全面的理解，如果只得其皮毛，就难免走向偏执和僵化。

20 世纪 90 年代勃艮第的生物动力法先锋包括 Leflaive、Lafon、Pierre Morey、乐华等。由于天气复杂多变，在勃艮第实

施生物动力法的酒庄面临诸多挑战，笃信生物动力法不仅对葡萄和葡萄酒更好，对环境也更友善，是支撑这些酒庄“虽千万人吾往矣”的动力。

至于生物动力法酒是否更纯净更有能量，或者只是一种心理作用？可能还是要看酒庄和酿酒师。

老藤（Vieilles Vignes）

也许你注意到，有些勃艮第酒的酒标上，有“Vieilles Vignes”的字样，意思是老藤（英语是“Old Vine”）。那么，多老的葡萄藤算得上是老藤？老藤葡萄酿出来的酒又有什么不同呢？

葡萄藤的天然寿命可能超过 100 年，在欧洲的葡萄种植历史上，由于老藤葡萄产量低又耗费人工，为了经济效益，曾经有很长一段时期被拔除重种。直到酒农们逐渐认识到，老藤葡萄虽然产量低，但果实小而浓缩，根系深入地下，酿成的酒更有物质感和复杂度。近年来全球暖化，极端气候频发，老藤葡萄因为少受地面气候的影响，表现更稳定，例如在干旱的时候，老藤根系能深入地下汲取水分。由此，老藤葡萄渐渐被珍视和保护起来。

由于各产区情况不同，老藤藤龄的标准也不同，并没有统一的法律规定。经历过 19 世纪末的根瘤蚜虫灾害，勃艮第极少有

超过100年的葡萄藤，60年藤龄就是十足老藤了，八九十年的老藤葡萄就更稀少了。

居由/居由－普萨尔/圣杯（Guyot / Guyot–Poussard / Goblet）

居由剪枝法得名自法国19世纪的农学家Jules Guyot，在全世界被广泛采用，包括勃艮第。具体做法是每年将葡萄藤修剪到只留下一长一短的年轻葡萄藤，短枝留两个芽苞，长枝留六到八个芽苞，然后将长梢水平绑缚，使葡萄藤依靠葡萄架生长。每个芽苞在当年会长成一条藤蔓，开花结果。居由式的优点是通风性佳，产量多而稳定。

居由－普萨尔是一些酒农近年来在葡萄园中的革新做法：修整居由式为居由－普萨尔式，头年修剪时留两个反向的芽苞，次年培育为Y字形的两个年轻枝条，保证葡萄藤两边的养分输送，减少创口面积，有效降低葡萄藤患上树干真菌疾病（Esca）坏死的风险。革新的做法意味着葡萄园中更繁重的人工和更高昂的成本，却是对付蔓延葡萄酒世界Esca的有效方法。

圣杯式主要适用于气候干热的地区，这种剪枝法的特征是不需要任何支撑，让葡萄藤自由生长。葡萄藤的主干短，枝干向外扩散生长，葡萄串可以被葡萄叶遮蔽，不致被晒伤，但要求全手工劳作和采收。博若莱产区的佳美葡萄传统上就采用这种种植方式。

编藤法（Tressage）

在葡萄园里，夏季葡萄转色后通常要做摘梢剪枝的工作，好让葡萄藤将养分用于葡萄果实的生长而不是多余的叶子。但乐华酒庄的乐华夫人认为，葡萄藤对剪掉顶梢的自然反应是长出更多的侧枝遮蔽果实，影响其通风性与受光面积。她不打梢而是把自由生长的葡萄藤尾梢绑缚起来，让葡萄串在相对疏离、通风的条件下成长，减低霜霉病的概率；同时降低糖分、保持更多酸度，较早达到单宁和酚类物质的成熟度；更高的藤蔓也更适应全球变暖的气候趋势，抗旱保水。

根据采用同样做法的Domaine Arnoux-Lachaux的庄主Charles Lachaux描述，编藤法需要两倍的时间和四倍的人力成本投入，也给冬季的剪枝工作带来挑战。所以在勃艮第，采用编藤法的酒庄还是少数。

霜冻

在初春依然一片萧瑟景象的勃艮第葡萄园里，葡萄农们深夜点火熏烟，防范春霜。人和狗子都一脸凝重，好像一幅中世纪的油画……

霜冻是勃艮第产区最可怕的自然灾害之一。初春葡萄藤发芽后来一场春霜，会直接冻死葡萄芽造成减产，令本应生机焕发的葡萄园陷入一片死寂，甚至影响葡萄藤第二年的表现，令人痛惜。

近年来全球气候暖化，暖冬使得葡萄藤发芽早，遭遇“倒春寒”霜冻的风险更高了。“黑色霜冻”指夜间极速降温导致葡萄梗发黑的现象。虽然勃艮第酒农一直在研究防范霜冻的方式，从鼓风到洒水、点火，甚至出动直升机，但迄今也没有万全之策。

全球暖化（Global Warming）

Allen Meadows 说，20 年前勃艮第从来没有在 8 月采收过，但 2003 和 2007 年都发生了，后一个 10 年间，2011 和 2015 年也是。

全球暖化对于不同的葡萄酒产区含义不同。勃艮第这种冷凉产区，虽然得益于气候变化带来的更好的成熟度，同时也不得不承受更多的极端天气，霜冻、暴风雨、冰雹……

有关酿造

带梗 / 去梗

世界上大部分葡萄品种和产区都是去梗发酵的，只有少数品种和产区有部分 / 全部带梗发酵的选项。在勃艮第，关于去梗和不去梗的争论从 18 世纪后半叶就开始了，19 世纪到 20 世纪初以去梗为主。去梗派认为葡萄梗可能带来不好的气息和粗糙的酒体，带梗派认为葡萄梗给予酒更多架构和复杂度，在单宁薄弱的年份提供更多单宁。

两派中都有顶级名家，传奇酒农 Henri Jayer 就是著名的去梗派，乐华则是带梗派。随着全球气候暖化，越来越多酒庄加入带梗行列，因为在热年份带梗给予酒清新感，也能些微降低酒精度。

相较去梗，带梗发酵要求果梗完美成熟（否则就会带来生青气息），也要考虑不同年份状况带梗的比例，还要细分是整串葡萄发酵，还是去梗后在发酵时加入一定比例果梗，所以带梗发酵面临更多可能性和风险，更具挑战性。

气囊压榨 / 垂直压榨（Pneumatic Press / Vertical Press）

长得像个椭圆太空舱的气囊压榨机是酒窖里的现代设备，普遍使用于香槟产区，可以通过强度设定，非常轻柔地进行破碎和压榨，因此也被一些勃艮第酒庄引入。但是另一些勃艮第酒庄只用最传统的模样笨重的垂直压榨机，又叫篮式压榨机。在有些葡萄酒产区的大酒厂里，陈列着有六七十年甚至八九十年历史的垂直压榨机，作为古董供访客参观，但勃艮第的小酒庄还在日常使用它。垂直压榨被认为萃取更充分，酿成的酒有更多的物质感、架构感。

哪种做法好或不好并无定论，最后还是要以酒论英雄。

野生酵母 / 人工酵母（Natural Yeast / Culture Yeast）

为什么很多勃艮第酒庄强调采用野生酵母发酵?

其实野生酵母和人工酵母之间没有那么泾渭分明。采收期的葡萄皮和葡萄园里到处都是野生酵母，在温度合适的情况下就会自然启动发酵，但是野生酵母没有那么强的活性和稳定性，如果发酵到一半停止了，后续就要加入人工酵母完成发酵。佛系酒庄则顺其自然，不加干预，发酵期可能长达几个月。

用野生酵母缓慢发酵往往给予酒更多层次感和复杂度，也更能反映当地风土，但效率低下，因此精心培育的人工酵母（其实也是天然的）在工业化葡萄酒厂还是主流，效率高，容易控制，甚至还能通过选择商业酵母赋予葡萄酒某些消费者喜爱的香气。

这就是手工酒（Artisan wine）和工业酒（Industrial wine）的区别，饮酒经验多了就不难分辨。

踩皮 / 淋皮 / 压皮

在葡萄发酵过程中，葡萄皮会浮在表面形成厚重的“酒帽”，为了加强皮汁接触，萃取葡萄皮中的单宁和风味物质，有几种方法：

最传统的是人工踩皮，跳进开放的大木桶或水泥池里用脚踩。没见过这场景的可能要昏倒，并且纠结这酒还能不能喝了。事实上踩皮是很严肃的工作，也很辛苦，是最轻柔萃取单宁的方法；

压皮也是人工进行，用长木板把酒帽压进酒汁里，也得有些气力才行；

淋皮是用泵把酒从发酵罐下方抽出来，再从上方打进去，形成循环。

压皮和淋皮哪个更轻柔效果更好？并无定论，取决于地块和葡萄的表现，以及酿酒师的偏好。

极少干预（Minimum Intervention）

很多勃艮第优秀的酒农都会告诉你，他在酒窖里采用极少干预的方式酿酒，就是用最轻柔、最自然的方式对待葡萄和葡萄酒，只用野生酵母，低温、缓慢地发酵，自然澄清，不过滤或轻微过滤，酿酒过程中只添加少量二氧化硫或不加硫……

如此酿出来的酒被认为是最能反映风土特征的。

新桶 / 旧桶

十几二十年前，美国消费者由衷喜爱深度烘烤的新橡木桶带来的黄油、烤面包、坚果的香气，认为这才是“高级”葡萄酒应有的香气，因此勃艮第酒农迫于市场潮流，大量使用新橡木桶陈酿霞多丽和黑皮诺。

幸亏那个年代彻底过去了，勃艮第酒农认识到深烘烤、高比例新橡木桶掩盖了葡萄酒的风土特征，带来造作的装饰感甚至回味的苦感。很多酒庄不断降低新橡木桶的使用比例。

全新橡木桶：依据产地和烘烤程度的不同，施加给酒不同风味的影响。顶尖酒农都有指定的橡木森林和橡木桶商。

1 年橡木桶：使用过 1 年的橡木桶，仍然会给酒带来橡木风味的影响，但比新桶少。

2 年橡木桶：使用了 2 年的橡木桶，橡木气息更淡。

在使用 4 年后，橡木桶就变为微透氧的中性容器，不会给酒添加任何风味了。

有关品鉴

还原（Reductive）

酿酒时注意隔绝氧气，带精细酒泥陈酿时极少搅桶和倒桶——还原酿造法在 21 世纪第一个 10 年才出现，因为筛选台使葡萄的状态更完美，气囊压榨更轻柔，因此得到更干净细致的酒泥。少量还原有益，多了就会出现打火石甚至臭鸡蛋的气息。Roulot、Leflaive、Coche-Dury 都是还原酿造法名家。Allen Meadows 说过，“尤其对于有机和生物动力法酒庄，由于更高水平的硫和铜的使用，结果会更加还原”。还原气味压抑了果香。

提早氧化（Premox）

现在打开一瓶 1995—2005 年份的勃艮第白葡萄酒，如果已经变成深稻草黄色，果香消散，呈现氧化的腌菜坚果气息和雪莉酒的酸度，缺乏新鲜度和活力，那么你可能不走运，遇到了提早氧化（Premature Oxidation, 简称 Premox）的情况。

勃艮第白葡萄酒提早氧化的原因众说纷纭，至今没有定论。Allen Meadows 说："提早氧化通常会在 3—7 年出现。橡木塞和气囊压榨机都成为怀疑对象。因为气囊压榨是隔绝氧气的步骤，缺乏抵抗力的酒液因此在瓶中氧化。但弃用气囊回归垂直压榨的酒庄仍然会酿出提早氧化的酒。加硫不够、过度搅桶也可能导致提早氧化。由于完全同样条件的一箱酒中，有的状态完美，有的则发生提早氧化，因此橡木塞也被怀疑。但即使购买最高质量橡木塞的名庄，依然会发生同样的现象。"

陈年潜力

酒评家写新年份勃艮第酒的品酒词，往往在最后会预测这款酒的陈年潜力，这要求非常丰富的品酒经验和知识，但结论也未必精确。对于白葡萄酒，10—20 年的陈年潜力就是很高的评价了，要知道世界上大多数白葡萄酒都不是为了陈年而酿造的，而是适合 1—3 年内喝掉；对于红葡萄酒，20—30 年也很厉害了。总体上说，勃艮第红葡萄酒的陈年潜力不及波尔多，但最好的那些酒也能创造奇迹。

具体到某一瓶酒，陈年能力还和其状态有关，同样一款酒，一瓶一直在酒庄酒窖里沉睡，从来没有移动过，另一瓶漂洋过海，可能经历过高温、震荡折磨，前者一定比后者状态好得多，年轻得多。

矿物味

在所有的品酒词汇里，“矿物味”是听起来玄而又玄的一个，没有确凿证据表明人类可以像闻到果香、花香一样闻到“矿物味”，但在口中它表现为咸感和鲜味。

也很难说矿物味来源于何处，有什么特定土壤会赋予酿酒葡萄矿物味，但那似有若无的矿物味的确赋予一瓶酒个性和深度，比起只有果香花香的酒更具魅力。

悉心寻找勃艮第酒中的矿物味吧，即使它是那么难以捉摸……

适饮期

太年轻的酒显得简单或封闭，太老的酒失去果香和活力，适饮期是一瓶酒经过适宜的陈年演化、风味融合，由开始好喝到转入衰退期前的阶段。

不同年份、葡萄园等级都会影响适饮期的表现。2005 大年的一级园和特级园酒，可能现在刚刚进入适饮期；2008 年份刚装瓶那几年表现不佳，10 年之后的 2018 年评价反转，表现优秀，好喝又不贵；2001、2004 年份的勃艮第有些已经开始走下坡路，没有必要继续存放了。

最近的几个年份，2015、2016 年份都是勃艮第优秀的年份，2017 年份的红葡萄酒比 2016 年份更早进入适饮期，2014 年份尤其是白葡萄酒还可等待，2012、2013 年份已经可以喝了。

封闭期

打开一瓶勃艮第好酒，居然香气全无，酒体平淡，单宁艰涩，酸度突兀……不要怀疑自己、怀疑人生，可能只是这瓶酒进入封闭期了。这是葡萄酒中的酚类物质正在进行聚合反应，刚好这一阶段呈现的香气与口感不尽如人意。比起封闭期到来之前的花果香气馥郁，与封闭期结束后层次递显的复杂风味，处于两者之间的封闭期，开瓶的表现常常低于预期。

依据年份特征和酒庄酿酒风格的不同，一瓶勃艮第酒（无论红白）可能在装瓶后不久就进入封闭期，也可能在开放三五年后，进入长达 10 年的封闭期……对于封闭期的判断，通常基于以往饮用同类型酒的经验和酒评家的意见。

遇到封闭期的酒，可以通过更长时间的醒酒来拯救一下其低迷的状态。

有关市场

配额制（Allocation）

勃艮第绝不是唯一采用配额制的葡萄酒产区，很多在国际市场上供不应求的膜拜酒庄，都会采用配额制来保证自家产品在各个市场上均衡出现，而不是被少数大买家垄断。但勃艮第是配额制运行最成熟的产区，全世界爱好者对勃艮第酒的狂热追逐，使顶级名庄都面对如何分配有限的配额的压力。在勃艮第酒价格疯涨的今时今日，很多名庄包括康帝酒庄，依旧维持保守的出庄价格，是因为希望自己的酒被爱酒者饮用，而不是进入二、三级市场后被炒作和投机。

采用配额制的酒庄通常也采用搭售方式，比如买“红头”乐华必须搭配“白头”乐华，买家除了照单接收没有别的选择，除非下一年你不想要配额了，想要的人多着呢。

有关人物

Allen Meadows

全世界多少酒评人、葡萄酒作家和记者想在勃艮第产区拥有话语权，但这个产区也许需要你穷其一生去了解和浸淫。Allen Meadows 以近 20 年深入勃艮第严谨探究的精神，持续稳定的写作和评分，广泛获得勃艮第酒农和资深爱好者认可。

出身美国中产阶级家庭的 Allen Meadows，因为在 20 世纪 70 年代喝过一瓶康帝酒庄 1967 年份的罗曼尼－康帝里奇堡，爱上了勃艮第。1999 年他正式离开金融界，创建了关于勃艮第葡萄酒和旅行的网站 burghound.com，如今在 67 个国家拥有订阅用户。2010 年他出版了第一本著作《夜丘明珠：沃恩－罗曼尼美酒》（*The Pearl of the Côte: The Great Wines of Vosne-Romanée*），他新近出版的《勃艮第年份：一部始于 1845 年的历史》（*Burgundy Vintages: A History from 1845*）也是勃艮第历史和年份的重要参考著作。

“每位品鉴者都有自己的偏爱，有人称之为偏见。”Allen 说。他喜爱平衡和优雅的勃艮第酒，厌恶过重萃取或过多新橡木、高酒精的风格。如果参考他的评分买酒，这一点不可不知。

Burgundy Vintages
A History from 1845
Allen D. Meadows and
Douglas E. Barzelay

Henri Jayer

虽然 Henri Jayer 在 2006 年故去，他的酒在市面上日益稀少，而且真假难辨，但这个名字在勃艮第依旧闪闪发光，直接、间接被称为他的传人都仿佛镀上一层金，勃艮第酒神的传奇仍在继续。

1922 年出生于沃恩－罗曼尼村的 Henri Jayer，20 世纪 40 年代在第戎获得酿酒学位。他反对在葡萄园中滥用化学品，主张以翻土来控制杂草生长并给予葡萄藤氧气，相信精心控制产量造就好酒。

虽然仅有 6.3 公顷葡萄园，他的种植和酿酒理念影响了众多勃艮第酒农。例如，采收时在葡萄园进行严格筛选，以小筐采收避免破皮，100% 除梗，冷浸渍提取颜色和香气，以野生酵母缓慢发酵，使用高品质新橡木桶陈酿，及时添桶避免氧化，装瓶前不过滤不澄清，等等。

1996 年他把葡萄园转给妻子的侄子 Emmanuel Rouget，但自己仍酿酒直至 2001 年，这是 Jayer 迷们都知道的秘密。

附 录

勃艮第其他产区地图（由北至南）

产区译名对照表

酒庄及人名译名对照表

La Bourgogne et ses cinq régions viticoles

勃艮第的五个葡萄酒产区

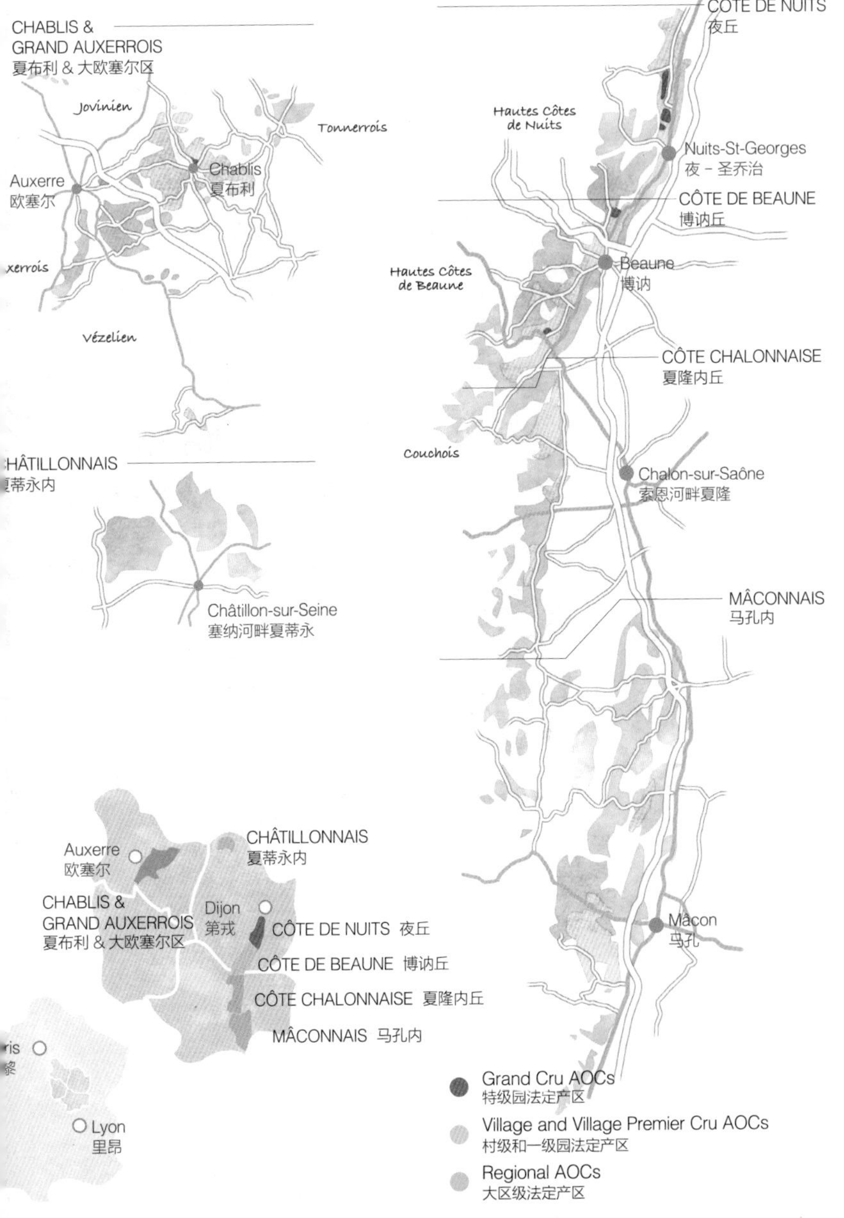

CHABLIS
夏布利

L'Homme Mort
Fourchaume
Côte de Fontenay
Vaupulent
Beauroy
Côte de Savant
Vaulorent
1
2
3
4
5
6
7
Côte de Léchet
Montée de Tonnerre
Vau de Vey
Vau Ligneau
Vaux Ragons
Les Lys
Séchet
Les Épinottes
Chatains
Vaillons
Chatains
Roncières
Beugnons
Mélinots
Montmains
Forêts
Butteaux
Vaugiraut
Vosgros
Chaume de Talvat
Côte de Jouan
Côte de Cuissy
Les Beauregards

Chablis Grand Cru 夏布利特级园

1.Bougros 2.Preuses 3.Vaudésir
4.Grenouilles 5.Valmur 6.Les Clos 7.Blanchot

Chablis Premier Cru 夏布利一级园

Chablis 夏布利村级

Petit Chablis 小夏布利

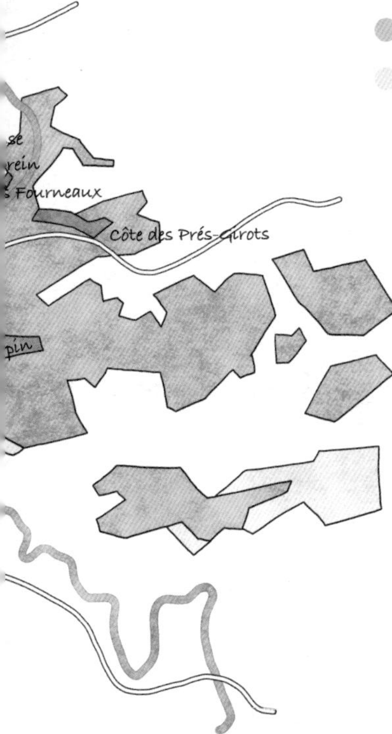

MOREY-SAINT-DENIS
莫黑 - 圣丹尼

Morey-Saint-Denis Grand Cru
莫黑 - 圣丹尼特级园

Morey-Saint-Denis Premier Cru
莫黑 - 圣丹尼一级园

Morey-Saint-Denis
莫黑 - 圣丹尼村级

N
Les Bouchots
Calouère
Les Genavrières
Monts Luisants
Monts Luisants
Clos des Lambrays
Les Chaffots
Clos de laRoche
Maison Brûlée
Clos Saint-Denis
Les Froichots
Clos de laRoche
Les Bonnes Mares
Clos de Tart
Meix-Rentier
Les Chabiots
Les Fremières
LesMochamps
Le Village
Les Ruchots
La Riotte
Les Millandes
Les Faconnières
Les Charrières
Clos des Ormes
Aux Charmes
Les Sorbès
Clos Sorbé
Les Blanchards
Clos Baulet
La Bussière
Les Chenevery

NUITS-SAINT-GEORGES
夜－圣乔治

Nuits-Saint-Georges Premier Cru
夜－圣乔治一级园

Nuits-Saint-Georges
夜－圣乔治村级

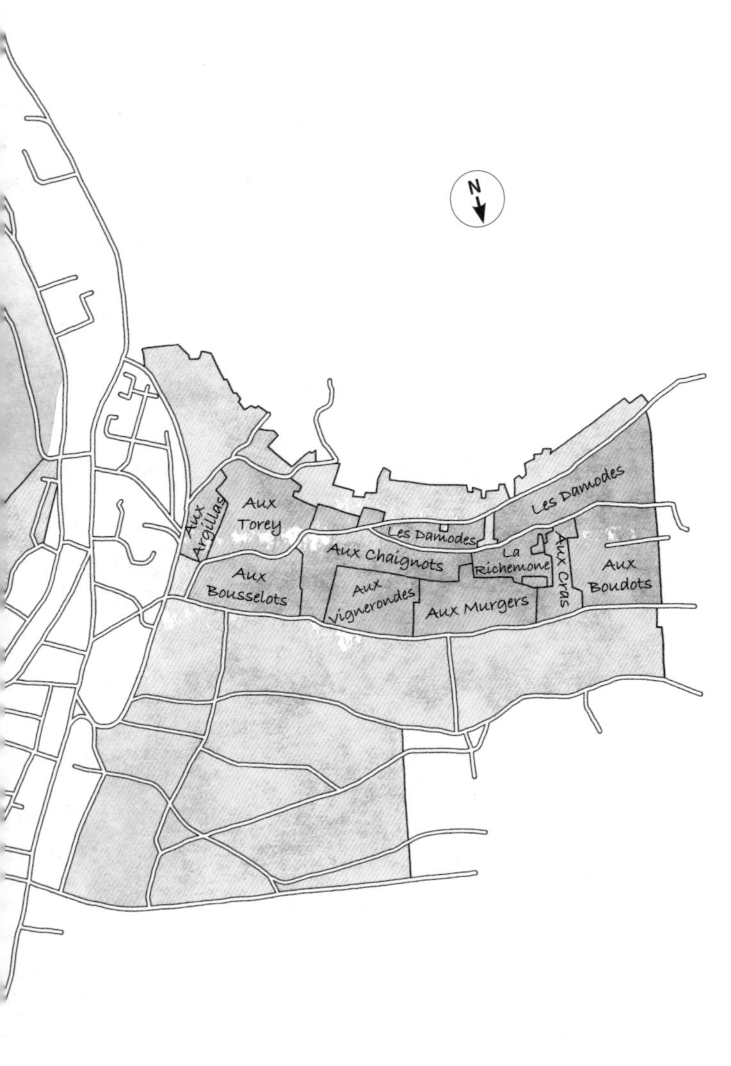
N
Aux Argillas
Aux Torey
Les Damodes
Les Damodes
Aux Chaignots
La Richemone
Aux Cras
Aux Boudots
Aux Bousselots
Aux Vignerondes
Aux Murgers

PERNAND-VERGELESSES
佩尔南－韦热莱斯

ALOXE-CORTON
阿罗克斯－科尔登
N
MAGNY-LES-VILLERS
马尼莱－维莱尔
Basses Mourottes
Le Clou d'Orge
La Corvée
La Micaude
Grand Cru
特级园
Grand Cru Corton
科尔登特级园
Premier Cru
一级园

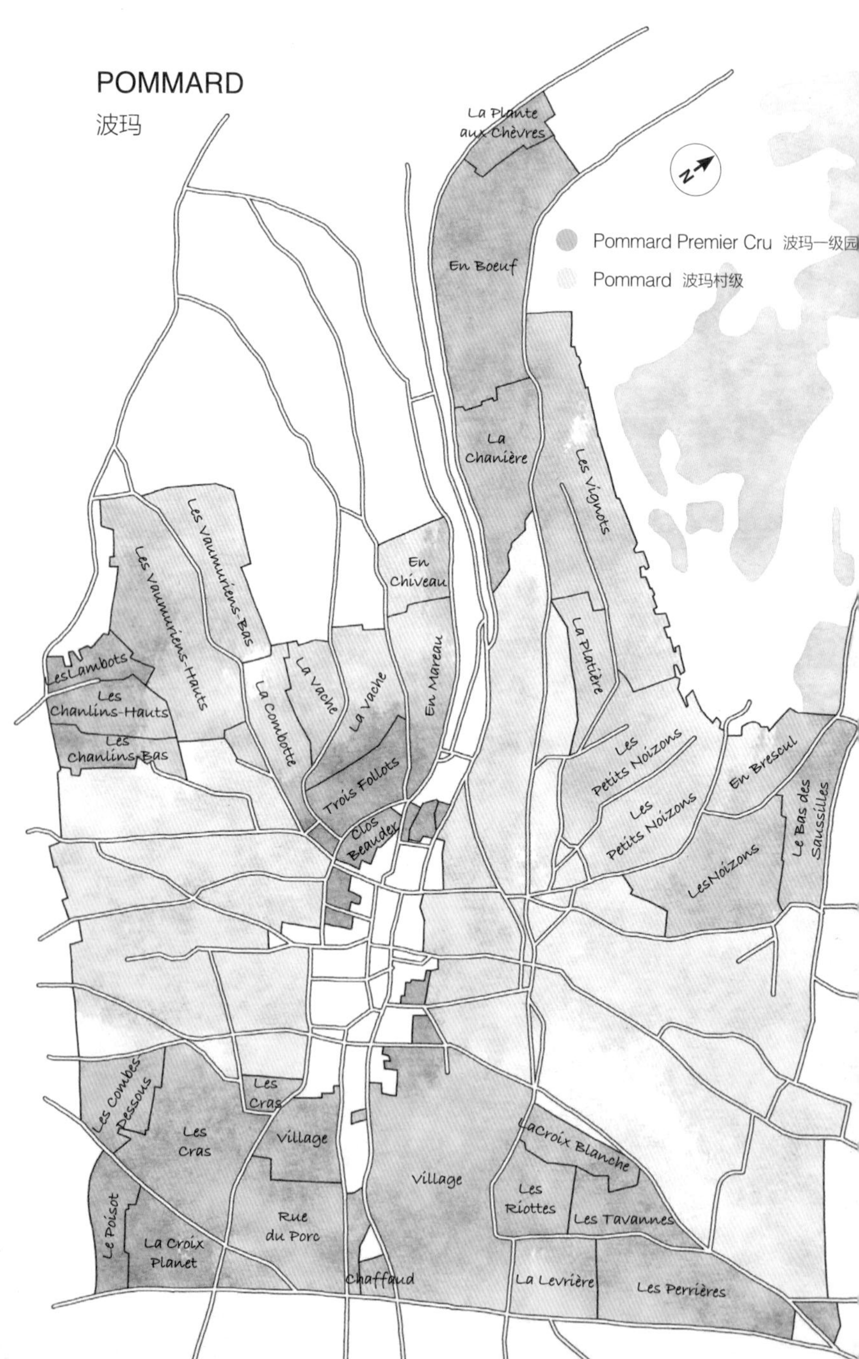
POMMARD
波玛
Pommard Premier Cru 波玛一级园
Pommard 波玛村级
La Plante aux Chèvres
En Boeuf
La Chanière
Les Vignots
En Chiveau
En Mareau
La Platière
Les Vaumuriens-Bas
Les Vaumuriens-Hauts
Les Lambots
Les Chanlins-Hauts
Les Chanlins-Bas
La Combotte
La Vache
La Vache
Trois Follots
Clos Beauder
Les Petits Noizons
Les Petits Noizons
En Brescul
Le Bas des Saussilles
Les Noizons
Les Combes Dessous
Les Cras
Les Cras
Village
Village
La Croix Blanche
Les Riottes
Les Tavannes
Le Poisot
La Croix Planet
Rue du Porc
Chaffaud
La Levrière
Les Perrières

VOLNAY
沃内

Le Village
Lassolle
Clos des Ducs
Pitures Dessus
Clos des Chênes
Taille Pieds
Le Village
Le Village
Le Village
Le Village
Le Village
Cailleret-Dessus
Clos des Chênes
Taille Pieds
En Verseuil
Bousse d'Or
Frémiets
Cailleret-Dessus
Cailleret-Dessus
La Barre
Les Angles
En Cailleret
En Champans
Carelle-Dessous la Chapelle
Pointes d'Angles
En Chevret
Les Mitans
Les Mitans
Les Mitans
Les Brouillards
Les Lurets
Le Ronceret
Robardelle
Volnay Premier Cru
沃内一级园
Volnay
沃内村级

产区译名对照表

勃艮第产区涉及村庄及葡萄园众多，书中出现的地区、城市、村庄和特级园参照勃艮第葡萄酒行业协会（BIVB）列出的官方中文译名及约定俗成的译法译出，一级园和部分村级田仅列出参考译名以供查阅。也附上文中出现的博若莱村名。按原文首字母顺序排列。

地区

Beaujolais 博若莱

Chablis 夏布利

Côte de Beaune 博讷丘

Côte Châlonnaise 夏隆内丘

Côte de Nuits 夜丘

Côte d'Or 金丘

Hautes-Côtes de Beaune 上博讷丘

Mâconnais 马孔内

城市

Beaune 博讷

Dijon 第戎

Mâcon 马孔

村庄

Aloxe-Corton 阿罗克斯－科尔登
Auxey-Duresses 欧克塞－迪雷斯
Blagny 布拉尼
Brouilly 布鲁伊（博若莱）
Chambolle-Musigny 香波－慕西尼
Chassagne-Montrachet 夏瑟尼－蒙哈榭
Chorey-lès-Beaune 绍黑－博讷
Flagey 弗拉吉
Fleurie 弗勒里（博若莱）
Gevrey-Chambertin 热维－香贝丹
Mâcon-Verzé 马孔－韦泽
Marsannay 马桑内
Mercurey 梅尔居雷
Meursault 默尔索
Monthèlie 蒙蝶利
Morey-Saint-Denis 莫黑－圣丹尼
Nuits-Saint-Georges 夜－圣乔治
Pommard 波玛
Puligny-Montrachet 普利尼－蒙哈榭
Saint-Aubin 圣托班
Saint-Romain 圣罗曼
Santenay 桑特内
Savigny-lès-Beaune 萨维尼－博讷
Solutré-Pouilly 索吕特－普伊
Volnay 沃内
Vosne-Romanée 沃恩－罗曼尼

特级园及所属村庄

Bâtard-Montrachet 巴塔－蒙哈榭园（普利尼－蒙哈榭 / 夏瑟尼－蒙哈榭）
Bienvenues-Bâtard Montrachet 比沃尼－巴塔－蒙哈榭园（普利尼－蒙哈榭）
Bonnes-Mares 波内玛尔园（香波－慕西尼）
Chambertin 香贝丹园（热维－香贝丹）
Chambertin-Clos de Bèze 香贝丹－贝日园（热维－香贝丹）
Chapelle-Chambertin 夏贝尔－香贝丹园（热维－香贝丹）

Charmes-Chambertin 夏姆 - 香贝丹园（热维 - 香贝丹）

Chevalier-Montrachet 骑士 - 蒙哈榭园（普利尼 - 蒙哈榭）

Clos de Vougeot 伏旧园（伏旧）

Corton 科尔登园（阿罗克斯 - 科尔登）

Corton-Charlemagne 科尔登 - 查理曼园（阿罗克斯 - 科尔登）

Corton-Bressandes 科尔登 - 布雷桑园（阿罗克斯 - 科尔登）

Criots-Bâtard-Montrachet 克里优 - 巴塔 - 蒙哈榭园（夏瑟尼 - 蒙哈榭）

Echezeaux 埃雪索园（沃恩 - 罗曼尼）

Grand Echezeaux 大埃雪索园（沃恩 - 罗曼尼）

Griottes Chambertin 格里特 - 香贝丹园（热维 - 香贝丹）

La Grande Rue 大街园（沃恩 - 罗曼尼）

La Romanée 罗曼尼园（沃恩 - 罗曼尼）

La Romanée-Conti 罗曼尼 - 康帝园（沃恩 - 罗曼尼）

La Tâche 踏雪园（沃恩 - 罗曼尼）

Latricières-Chambertin 拉提西耶 - 香贝丹园（热维 - 香贝丹）

Mazis-Chambertin 玛兹 - 香贝丹园（热维 - 香贝丹）

Montrachet 蒙哈榭园（普利尼 - 蒙哈榭 / 夏瑟尼 - 蒙哈榭）

Musigny 慕西尼园（香波 - 慕西尼）

Richebourg 里奇堡园（沃恩 - 罗曼尼）

Romanée Saint-Vivant 罗曼尼 - 圣维旺园（沃恩 - 罗曼尼）

Ruchottes-Chambertin 卢索 - 香贝丹园（热维 - 香贝丹）

一级园及所属村庄

Aux Brûlées 布鲁利园（沃恩 - 罗曼尼）

Aux Reignots 雷尼欧园（沃恩 - 罗曼尼）

Aux Malconsorts 玛康索园（沃恩 - 罗曼尼）

Blagny 布拉尼园（默尔索 / 布拉尼）

Champ Gain 香甘园（普利尼 - 蒙哈榭）

Cherbaudes 希伯德园（热维 - 香贝丹）

Clos de Château des Ducs 公爵堡园（沃内）

Clos de la Bussière 布西耶园（莫黑 - 圣丹尼）

Clos de la Fontaine 枫丹园（沃恩 - 罗曼尼）

Clos de la Maréchale 女帅园（夜 - 圣乔治）

Clos de la Mouchère 慕歇尔园（普利尼 - 蒙哈榭）

Clos des Chênes 橡木园（沃内）

Clos des Ducs 猫头鹰园（沃内）

Clos des Mouches 蜜蜂园（博讷）

Clos des Ursules 乌苏拉园（博讷）

Clos du Roy 罗伊园（马桑内 / 梅尔居雷）

Clos Saint-Jean 圣让园（夏瑟尼－蒙哈榭）

Clos Saint-Jacques 圣雅克园（热维－香贝丹）

Cros Parantoux 巴朗图园（沃恩－罗曼尼）

Derriere Chez Edouard 爱德华后园（圣托班）

Dent de Chien "犬牙"园（夏瑟尼－蒙哈榭）

En Remilly 雷米园（圣托班）

Gouttes D'Or 金滴园（默尔索）

L'enfant de Jésus 小耶稣园（博讷）

La Chatenière 夏特尼尔园（圣托班）

La Grande Montagne 大山园（夏瑟尼－蒙哈榭）

La Romanée 罗曼尼园（热维－香贝丹 / 夏瑟尼－蒙哈榭）

La Truffière 松露园（普利尼－蒙哈榭）

Lavaux Saint Jacques 拉沃·圣雅克园（热维－香贝丹）

Les Amoureuses 爱侣园（香波－慕西尼）

Les Beaux Monts 宝山园（沃恩－罗曼尼）

Les Caillerets 凯乐瑞园（沃内 / 默尔索 / 夏瑟尼－蒙哈榭）

Les Carrières 凯瑞尔园（香波－慕西尼）

Les Chaignots 希诺园（夜－圣乔治）

Les Champlots 夏洛园（圣托班）

Les Charmes 夏姆园（香波－慕西尼 / 默尔索）

Les Charmois 夏穆沃园（圣托班）

Les Chaumes 肖姆园（沃恩－罗曼尼）

Les Chenevottes 雪内拂园（夏瑟尼－蒙哈榭）

Les Combes Dessus 上贡柏园（波玛）

Les Combettes 康贝特园（普利尼－蒙哈榭）

Les Combottes 康宝特园（香波－慕西尼）

Les Evocelles 伊维泽园（热维－香贝丹）

Les Feusselottes 福塞洛特园（香波－慕西尼）

Les Folatières 弗拉提耶园（普利尼－蒙哈榭）

Les Fuées 芙伊园（香波－慕西尼）

Les Genevrières 热内维耶园（默尔索）

Les Grandes Ruchottes 大卢索园（夏瑟尼 – 蒙哈榭）

Les Lavrottes 拉罗特园（香波 – 慕西尼）

Les Murgers 米尔吉园（夜 – 圣乔治）

Les Perrières 石头园（夜 – 圣乔治 / 博纳 / 默尔索）

Les Referts 赫费园（普利尼 – 蒙哈榭）

Les Rouges du Dessus 上红园（沃恩 – 罗曼尼）

Les Ruchottes 卢索园（夏瑟尼 – 蒙哈榭）

Les Santenots du Milieu 中桑特诺园（沃内）

Les Santenots 桑特诺（默尔索）

Les Suchots 苏秀园（沃恩 – 罗曼尼）

Les Vignes Rondes “圆藤”园（夜 – 圣乔治）

Sous le Puits 水井园（普利尼 – 蒙哈榭）

村级园及所属村庄

En l'Ormeau 奥美园（默尔索）

Houillères 雾耶园（夏瑟尼 – 蒙哈榭）

Les Ancegnières 昂瑟涅（夏瑟尼 – 蒙哈榭）

Les Chevalières 夏弗利园（默尔索）

Les Tremblots 唐布洛园（普利尼 – 蒙哈榭）

Tête-du-Clos 塔特园（夏瑟尼 – 蒙哈榭）

酒庄及人名译名对照表

勃艮第地区酒庄多以庄主 / 酿酒师名字命名，大部分酒庄并无权威译名。此处仅提供文中涉及酒庄和人物音译译名供参考。按原文首字母顺序排列。

酒庄部分

A

Anne & François Gros 安 & 弗朗索瓦・葛罗酒庄

Domaine Anne Gros 安・葛罗酒庄

Domaine Armand Rousseau 阿曼・卢梭酒庄

Domaine Arnaud Ente 阿诺・昂特酒庄

Domaine Arnaud Mortet 阿诺・莫泰酒庄

Domaine Arnoux-Lachaux 安慕 – 拉夏酒庄

Domaine d'Auvenay 奥维那酒庄

B

Domaine Benoit Ente 贝诺阿・昂特酒庄

Maison Benjamin Leroux 本杰明・勒胡酒庄

Domaine Bernard Moreau et Fils 贝尔纳・莫罗父子酒庄

Domaine Bizot 比泽酒庄

Domaine Bonneau du Martray 马特莱酒庄

Bouchard Père et Fils 宝尚父子酒庄

C

Domaine Cécile Tremblay 茜茜里・唐布雷酒庄

Domaine Chandon de Briailles 尚东・布里艾酒庄

Domaine Charles Noëllat 夏尔勒・诺埃拉

Château de Chorey-lès-Beaune 绍黑－博讷堡

Domaine Claude Dugat 克洛德・杜加酒庄

Domaine Coche-Dury 科什－杜里酒庄

Domaine Comte Armand 阿尔曼伯爵酒庄

Domaine du Comte Liger-Belair 利日－贝莱尔伯爵酒庄

Domaine Comte Georges de Vogüé 乔治・沃盖伯爵酒庄

D

Domaine Denis Bachelet 德尼・巴舍莱酒庄

Domaine Denis Mortet 德尼・莫泰酒庄

Domaine Dugat 杜加酒庄

Domaine Dugat-Py 杜加－皮酒庄

Domaine Duroché 迪罗什酒庄

E

Domaine Emmanuel Rouget 艾曼纽・鲁吉酒庄

Domaine Etienne Sauzet 伊蒂安・索泽酒庄

F

Domaine Faiveley 法维莱酒庄

Domaine Forey Père et Fils 弗瑞父子酒庄

Domaine Fourrier 富里耶酒庄

G

Domaine Georges Mugneret 乔治・穆涅雷酒庄

Domaine Georges Mugneret-Gibourg 乔治・穆涅雷－吉布尔酒庄

Domaine Georges Noëllat 乔治・诺埃拉酒庄

Domaine Georges Roumier 乔治・鲁米耶酒庄

Domaine Ghislaine Barthod 吉斯莱・巴尔托酒庄

La Gibryotte 吉布雅特
Domaine de la Grand'Cour 大院酒庄
Domaine Gros Frère et Soeur 葛罗兄妹酒庄
Domaine Gros-Renaudot 葛罗 – 雷诺多酒庄
Domaine Guyon 吉雍酒庄

H

Domaine Henri Boillot 亨利・波洛酒庄
Domaine Henri Clerc 亨利・克莱酒庄
Domaine Henri Germain 亨利・杰尔曼酒庄
Domaine Henri Gouges 亨利・古日酒庄
Domaine Hubert Lamy 于贝尔・拉米酒庄

J

Jacques Cacheux 雅克・卡修酒庄
Domaine Jacques Prieur 雅克・普利尔酒庄
Domaine Jacques-Frédéric Mugnier 雅克 – 弗雷德里克・慕尼耶酒庄
Château des Jacques 雅克堡酒庄
Domaine Jean Boillot 让・波洛酒庄
Domaine Jean Grivot 让・格里沃酒庄
Domaine Jean-Marc et Thomas Bouley 让 – 马克与托马・布莱酒庄
Domaine Jean-Marc Vincent 让 – 马克・文森酒庄
Jean-Michel Guillon 让 – 米歇尔・吉龙酒庄
Domaine Jean-Pierre Guyon 让 – 皮埃尔・吉雍酒庄
Maison Joseph Drouhin 约瑟夫・德鲁安酒庄
Domaine Joseph Roty 约瑟夫・罗蒂

K

Keller 凯勒酒庄

L

Domaine des Comtes Lafon 拉冯伯爵酒庄
Domaine Lamy Caillat 拉米・卡亚酒庄
Domaine Leflaive 勒弗莱酒庄
Domaine Leroy 乐华酒庄

Maison Louis Jadot 路易亚都酒庄
Maison Louis Latour 路易乐图酒庄
Lucien le Moine 路西安僧侣酒庄

M

Domaine Marc Delienne 马克·德里安酒庄
Domaine Marey–Monge 马里－蒙格酒庄
Domaine Marquis d'Angerville 安杰维勒侯爵酒庄
Domaine Méo–Camuzet 梅奥－凯慕思酒庄
Méo–Camuzet Frère &Soeurs 梅奥－凯慕思兄妹酒商公司
Domaine Michel Lafarge 米歇尔·拉法日酒庄
Domaine de Montille 德蒙蒂酒庄
Domaine Mugneret–Gibourg 穆涅雷－吉布尔酒庄

N

Domaine Noëllat 诺埃拉酒庄

P

Domaine Patrick Javillier 佳维列酒庄
Domaine Paul Pillot 保罗·皮洛酒庄
Philippe Bornard 菲利普·博尔纳酒庄
Domaine Philippe Rémy 菲利普·雷米酒庄
Domaine Pierre Morey 皮埃尔·莫雷酒庄
Maison Pierre Overnoy 皮埃尔·奥维诺酒庄
Pierre–Yves Colin–Morey 皮埃尔－伊夫·科兰－莫雷
Domaine Ponsot 彭寿酒庄

R

Domaine Ramonet 拉莫内酒庄
Château Rayas 拉雅思酒庄
Domaine de la Romanée–Conti 罗曼尼－康帝酒庄
Domaine Rossignol–Trapet 罗西诺－塔佩酒庄
Domaine Roulot 葫芦酒庄

人物部分

Arthur Trapet 亚瑟・塔佩

Aubert de Villaine 奥贝尔・德维兰

Auguste Moreau 奥古斯特・莫罗

Auguste Morey 奥古斯特・莫雷

B

Becky Wasserman 贝基・沃瑟曼

Benoît Moreau 伯诺阿・莫罗

Benoît Riffault 伯诺阿・希福

Bernard Dugat 贝尔纳・杜加

Bernard Gros 贝尔纳・葛罗

Bertrand Dugat 贝特朗・杜加

Brian McClintic 布莱恩・麦克里提

Brice de La Morandière 布里斯・莫朗迪耶

C

Camille David 卡米尔・戴维

Canon Just Liger-Belair 卡农・于斯特・利日 – 贝莱尔

Caroline Morey 卡罗琳・莫雷

Catherine Bouhier 卡特琳・布耶

Cerice-Melchior de Vogüé 塞里斯 – 梅其奥・沃盖

Charles Arnoux 夏尔・安慕

Charles Lachaux 夏尔・拉夏

Charles Mortet 夏尔・莫泰

Charles Roch 夏尔・罗克

Charles Rousseau 夏尔・卢梭

Charline Coche 莎琳・科什

Chisa Bize 希莎・比兹

Christian Bouley 克里斯蒂安・布莱

Christian Faurois 克里斯蒂安・福华

Christophe Deola 克里斯托夫・迪奥拉

Christophe Roumier 克里斯托夫・鲁米耶

Claude de Nicolay 克洛德・尼古莱

Claude Duvergey 克洛德・迪韦吉

Claude Leflaive 克洛德・勒弗莱

Clive Coates 克莱夫・科茨
Clothilde Lafarge 克洛蒂尔德・拉法日
Colette Gros 科莱特・葛罗

D

Dixon Brooke 迪克松・布鲁克
Dominique Lafon 多米尼克・拉冯

E

Edmond Gaudin de Villaine 埃德蒙・戈丹・德维兰
Edouard Jayer 爱德华・贾叶
Edouard Labruyère 爱德华・拉布吕耶尔
Emilie Boudot 埃米莉・布铎
Eric Bourgogne 埃里克・布戈涅
Eric Rousseau 埃里克・卢梭
Ernest Noëllat 厄尼・诺埃拉
Erwan Faiveley 埃旺・法维莱
Esther Fournier 埃丝特・富尼耶
Etienne Camuzet 伊蒂安・凯慕思
Etienne de Montille 伊蒂安・德蒙蒂
Etienne Grivot 伊蒂安・格里沃
Eugène du Mesnil 尤金・迪梅尼尔
Eve Faiveley 伊芙・法维莱

F

Fabien Coche 法比安・科什
Fernand Dugat 费尔南・杜加
Fernand Pernot 费尔南・佩尔诺
Florance Arnoux 弗洛朗斯・安慕
François Bouley 弗朗索瓦・布莱
François Duvivier 弗朗索瓦・迪维维耶
François Faiveley 弗朗索瓦・法维莱
François Leroy 弗朗索瓦・乐华
François Millet 弗朗索瓦・米莱
Frédéric Barnier 弗雷德里克・巴尼耶

Frédéric Lafarge 弗雷德里克·拉法日
Frédéric Mugnier 弗雷德里克·慕尼耶

G
Gaston Grivot 加斯东·格里沃
Georges Jayer 乔治·贾叶
Gérard Boudot 吉哈尔·布多
Gilbert Felettig 吉尔伯特·菲勒帝
Guillaume Boillot 纪尧姆·波洛
Guillaume d'Angerville 纪尧姆·安杰维勒
Guillaume Rouget 纪尧姆·鲁吉
Guillaume Selosse 纪尧姆·塞罗斯
Gustave Gros 古斯塔夫·葛罗
Guy Breton 居伊·布雷东

H
Henri Felettig 亨利·菲勒帝
Henri Jayer 亨利·贾叶
Henri Leroy 亨利·乐华
Henri Pillot 亨利·皮洛
Henri Prieur 亨利·普利尔
Henry-Frédéric Roch 亨利 - 弗雷德里克·罗克
Hubert de Montille 于贝尔·德蒙蒂
Hubert Grivot 于贝尔·格里沃
Hugh Johnson 休·约翰逊

J
Jacky Rigaux 雅基·里戈
Jacky Truchot 雅基·图绍
Jacqueline Mugneret 雅克利娜·穆涅雷
Jacques d'Angerville 雅克·安杰维勒
Jacques Lardière 雅克·拉迪埃
Jacques-Marie Duvault-Blochet 雅克 - 玛里·杜沃 - 布洛谢
Jancis Robinson 杰西斯·罗宾逊
Jasper Morris 贾斯珀·莫里斯

Jean Crottet 让・克罗泰
Jean Foillard 让・佛亚尔
Jean Girardin 让・吉拉丹
Jean Gros 让・葛罗
Jean Latour 让・乐图
Jean Méo 让・梅奥
Jean Moisson 让・穆瓦松
Jean-Baptiste Pillot 让-巴蒂斯特・皮洛
Jean-Charles le Bault de la Morinière 让-夏尔・博特・莫尼埃
Jean-Claude Fourrier 让-克洛德・富里耶
Jean-Claude Ramonet 让-克洛德・拉莫内
Jean-François Coche 让-弗朗索瓦・科什
Jean-François Germain 让-弗朗索瓦・杰尔曼
Jeanine Boillot 雅尼・波洛
Jean le Bault de la Morinière 让・博特・莫尼埃
Jean-Louis Dutraive 让-路易・杜雷夫
Jean-Louis Trapet 让-路易・塔佩
Jean-Luc Pepin 让-卢克・佩平
Jean-Marc Bouley 让-马克・布莱
Jean-Marc Morey 让-马克・莫雷
Jean-Marc Roulot 让-马克・葫芦
Jean-Marie Fourrier 让-马里・富里耶
Jean-Marie Roumier 让-马里・鲁米耶
Jeanne Bolnot 让娜・博尔诺
Jeanne Gibourg 让娜・吉布尔
Jean-Nicolas Méo 让-尼古拉・梅奥
Jean-Paul Thévenet 让-保罗・泰弗内
Jean-Yves Bizot 让-伊夫・比泽
Jocelyne Dugat 若瑟琳・杜加
John Gilman 约翰・吉尔曼
Joseph Bouchard 约瑟夫・宝尚
Joseph Faiveley 约瑟夫・法维莱
Joseph Leflaive 约瑟夫・勒弗莱
Jules Desjourneys 朱尔・德茹内
Jules Lafon 朱尔・拉冯

Jules Lavalle 朱尔・拉瓦勒
Julien Coche 朱利安・科什
Julien Teichmann 朱利安・提希曼
Justin Dutraive 贾斯丁・杜雷夫

L

Laetitia Dugat 莱蒂莎・杜加
Lalou Bize-Leroy 拉露・比兹－乐华
Laurence Mortet 洛朗斯・莫泰
Léon Coche 莱昂・科什
Loïc Dugat 路易・杜加
Louis Henry Denis Jadot 路易・亨利・德尼・亚都
Louis Liger-Belair 路易・利日－贝莱尔
Louis Trapet 路易・塔佩
Louis-Fabric Latour 路易－法布里・乐图
Louis-Michel Liger-Belair 路易－米歇尔・利日－贝莱尔
Lucien Jayer 卢西安・贾叶

M

Magali Coche 玛加莉・科什
Marc Colin 马克・科兰
Marcel Lapierre 马塞尔・拉皮耶尔
Marcel Moreau 马塞尔・莫罗
Maria Noirot 玛丽亚・努瓦何
Marie Boch 玛丽・博什
Marie Duvergey 玛丽・迪韦吉
Marie-Andrée Mugneret 玛丽－安德烈・穆涅雷
Marie-Christine Mugneret 玛丽－克里斯汀・穆涅雷
Marielle Bize 玛丽耶・比兹
Marie-Odile Thévenot 玛丽－奥迪・特维诺
Marie-Thérèse Noëllat 玛丽－特蕾丝・诺埃拉
Mathilde Grivot 玛蒂尔德・格里沃
Matt Kramer 马特・克莱默
Maurice Drouhin 莫里斯・德鲁安
Maurice Dugat 莫里斯・杜加

Maxime Cheurlin 马克西姆·夏朗
Michel Bettane 米歇尔·贝丹
Michel Bouchard 米歇尔·宝尚
Michel Esmonin 米歇尔·埃斯梦
Michel Guyon 米歇尔·吉雍
Michel Liger–Belair 米歇尔·利日–贝莱尔
Moucheron 穆什隆
Mounir Saouma 穆尼尔·索马

N

Nadine Gublin 纳迪·古布兰
Nicolas Bachelet 尼古拉·巴舍莱
Nicolas Rouget 尼古拉·鲁吉
Noël Ramonet 诺埃·拉莫内

O

Odile Dury 奥迪·杜里
Olivier Lamy 奥利维耶·拉米
Ophelie Dutraive 奥菲莉·杜雷夫

P

Pajat Parr 帕亚特·帕尔
Pascal Lachaux 帕斯卡·拉夏
Pascal Roblet 帕斯卡·罗布莱
Patrick Bize 帕特里克·比兹
Paul Pillot 保罗·皮洛
Perrine Fenal 佩兰·弗纳
Philippe Charlopin 菲利普·夏鲁宾
Philippe Thévenot 菲利普·特维诺
Philippe Roty 菲利普·罗蒂
Pierre Duroché 皮埃尔·迪罗什
Pierre Faiveley 皮埃尔·法维莱
Pierre Ramonet 皮埃尔·拉莫内
Pierre–Henry Gagey 皮埃尔–亨利·盖吉
Pierre–Jean Roty 皮埃尔–让·罗蒂

Pierre-Yves Colin 皮埃尔 - 伊夫・科兰

R

Raphaël Coche 拉斐尔・科什

René Lafon 勒内・拉冯

Renée Jayer 勒妮・贾叶

Richard Geoffroy 理查・杰弗华

Robert Arnoux 罗伯特・安慕

Robert Drouhin 罗伯特・德鲁安

Robert Parker 罗伯特・帕克

Rotem Saouma 罗蒂姆・索马

S

Sébastien Cathiard 塞巴斯蒂安・卡蒂亚尔

Sebastien Caillat 塞巴斯蒂安・卡亚

Sem d'Angerville 塞姆・安杰维勒

Stéphane Chassin 斯蒂芬・沙桑

Stephen Brook 史蒂芬・布鲁克

T

Thiébault Huber 蒂埃伯・于贝

Thierry Pillot 蒂埃里・皮洛

Thomas Bouley 杜马・布莱

V

Vincent Gros 文森・葛罗

W

William Fèvre 威廉・费夫

William Kelley 威廉・凯利

Y

Yvon Métras 伊冯・梅特拉

图书在版编目（CIP）数据

醉美勃艮第／谢立，孙宵祎著．—北京：新星出版社，2021.1（2022.11 重印）
ISBN 978-7-5133-4245-2

Ⅰ.①醉… Ⅱ.①谢… ②孙… Ⅲ.①葡萄酒－介绍－法国
Ⅳ.①TS262.61

中国版本图书馆 CIP 数据核字（2020）第 225777 号

醉美勃艮第

谢立　孙宵祎　著

策划编辑：东　洋
责任编辑：李夷白
责任校对：刘　义
责任印制：李珊珊
插　　画：陈　洋
装帧设计：x1000 Shanghai

出版发行：新星出版社
出 版 人：马汝军
社　　址：北京市西城区车公庄大街丙3号楼　100044
网　　址：www.newstarpress.com
电　　话：010-88310888
传　　真：010-65270449
法律顾问：北京市岳成律师事务所

读者服务：010-88310811　service@newstarpress.com
邮购地址：北京市西城区车公庄大街丙3号楼　100044

印　　刷：北京天恒嘉业印刷有限公司
开　　本：787mm × 1092mm　1/32
印　　张：9.5
字　　数：130千字
版　　次：2021年1月第一版　2022年11月第二次印刷
书　　号：ISBN 978-7-5133-4245-2
定　　价：78.00元